高等学校新工科数字媒体技术专业系列教材

U0169713

文本可视化与前端实现技术

杨根福　主编

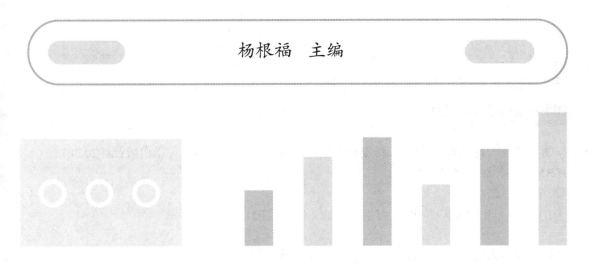

西安电子科技大学出版社

内 容 简 介

本书系统地介绍了文本可视化与 Web 前端实现技术，包括基础文本分析技术、Web 前端基础技术、前端可视化技术以及文本可视化的应用案例与实现方法，涵盖了可视化表示非结构化文本数据的关键内容。

本书共 6 章，主要内容包括文本可视化相关概念与流程、文本分析技术、文本可视化前端技术、词云内容可视化、主题内容可视化和文本情感可视化，书中大部分章节提供了实例源代码。

本书适合作为高等学校新工科数字媒体技术专业的教材，也可作为文本可视化技术开发人员、Web 前端技术开发人员、文本可视化与 Web 前端技术爱好者的参考书。

图书在版编目(CIP)数据

文本可视化与前端实现技术 / 杨根福主编. --西安：西安电子科技大学出版社，2024.1
ISBN 978–7–5606–6734–8

Ⅰ.①文…　Ⅱ.①杨…　Ⅲ.①可视化设计　Ⅳ.①TP31

中国国家版本馆 CIP 数据核字(2022)第 227265 号

策　　划　陈　婷
责任编辑　吴祯娥　陈　婷
出版发行　西安电子科技大学出版社(西安市太白南路 2 号)
电　　话　(029)88202421　88201467　　　邮　编　710071
网　　址　www.xduph.com　　　　　　　电子邮箱　xdupfxb001@163.com
经　　销　新华书店
印刷单位　陕西天意印务有限责任公司
版　　次　2024 年 1 月第 1 版　　　　2024 年 1 月第 1 次印刷
开　　本　787 毫米×1092 毫米　1/16　　印张　14
字　　数　329 千字
定　　价　39.00 元
ISBN 978–7–5606–6734–8 / TP
XDUP 7036001-1
＊＊＊ 如有印装问题可调换 ＊＊＊

前　言

　　现代信息技术快速发展，促进了人们的在线交流与互动，也加快了文本数据的产生。新闻网站、电子商务、社交媒体等应用平台每天都会生成大量的在线文本数据，这些文本数据为人们的交流、沟通、决策提供了重要的信息。但是，数据爆炸性增长也造成了严重的信息过载，使得人们寻找信息和理解信息变得极为困难。由于精力与时间的限制，传统的阅读方法很难快速处理海量文本，而文本可视化技术可以帮助我们解决这些问题。

　　文本可视化就是利用文本分析技术从大量文本数据中提取隐藏的模式与见解，并以可视化图表的形式直观地展示文本内容，呈现文本之间的相似性，揭示从文本数据中衍生出来的情感和情绪，帮助人们从文本数据中获取有用的信息。文本可视化包括文本分析、可视化编码和技术实现三个关键环节。由于文本的非结构化或半结构化特征，一般的数据分析技术难以胜任大规模文本数据的挖掘。

　　文本分析技术属于自然语言处理研究的范畴。近年来，随着机器学习、深度学习等人工智能技术的发展，自然语言处理技术已经有了长足的进步，让机器理解人类语言已经成为了现实。然而，利用机器学习和深度学习技术从文本中提取的信息仍然具有高维、稀疏和抽象的特征，不利于人们的理解。我们需要根据眼睛和大脑处理信息的能力与特征，将这些高维、稀疏和抽象的信息可视化为图表或图像，以帮助提高或促进人们理解。

　　"可视化"源于英文单词"visualization"，旨在用形象化和视觉化的方式将现实中存在的抽象事物和过程转化为图形、图表或动画。可视化不是一个新的事物，已经具有极其悠久的历史。在人类社会发展的进程中，通过视觉图像进行可视化一直是抽象和具体思想交流的有效方式。在计算机领域，可视化是指利用计算机图形学和图像处理技术，将数据转换成图形或图像，并在屏幕上显示及进行交互处理的技术。可视化技术研究主要可以分为科学可视化、信息可视化和可视分析三个方向，文本可视化可以视为信息可视化的一个子领域。目前，可视化技术已经在科学、教育、工程、医学等领域有了广泛的应用。

　　可视化的结果通常以图表的形式最终呈现。在文本可视化领域，常见的实现方法有两种。一是文本分析与可视化合成的模式，即在文本分析集成环境中调用相应的可视化库或工具来完成可视化。在合成模式下，先利用 Python 分析与处理文本，然后调用 Python 的 2D 绘图库 Matplotlib 绘制图表。二是文本分析与可视化分离的模式。在分离模式下，先分析文本、输出数据，然后利用 Web 前端技术调用可视化库或工具导入数据来完成可视化，D3、ECharts、AntV 等都是这种模式下的数据可视化工具。

本书整合了文本可视化与前端实现技术，将理论知识运用到实际应用开发中。全书共6章。第1章为绪论，介绍文本、文本数据、文本信息、可视化、文本可视化等基本概念，以及文本可视化的类型、流程及文本可视化前端技术。第2章为文本分析技术，讲解文本预处理、数据模型、文本相似度分析、文本情感分析等文本分析技术。第3章为文本可视化前端技术，重点介绍 HTML、CSS、JavaScript、DOM、Canvas、SVG 等 Web 前端基础技术，并对 D3 和 ECharts 数据可视化工具作了介绍。第4章为词云内容可视化，重点阐述词云的发展背景、词云的视觉编码、词云的布局、词云的扩展和词云的实现。第5章为主题内容可视化，先给出了基于 LSA、LDA、NMF 三种主题建模方法的主题可视化案例，然后介绍了主题可视化的类型和实践。第6章为文本情感可视化，讲述文本情感可视化的数据类型、任务类型、可视化编码，还介绍了客户评论情感可视化、社交媒体情感可视化、文本情感可视化等技术、方法。

本书获杭州电子科技大学教材立项出版资助。由于编者水平有限，书中难免存在不足之处，敬请广大读者批评指正，使本书得以完善。

编　者
2022 年 6 月

目　录

第1章 绪 论

　　文本是记录信息和知识的主要方法之一，可以帮助我们跨越空间和时间来共享信息。例如，研究古代文献和书籍仍然是我们从前人那里获得知识的主要途径之一。当前，现代信息技术的快速发展促进了海量文本数据的产生。数据的爆炸性增长造成了严重的信息过载，使得人们寻找信息和理解信息变得极为困难。文本可视化技术可以帮助我们解决上述问题。文本可视化以文本分析技术为基础，从大量文本数据中提取隐藏的模式，以图表的方式直观地揭示和总结文本内容，展示文本文档的相似性，以及从文本数据中衍生出来的情感和情绪，帮助人们从大量文本数据中获取有用的信息。

　　本章首先介绍了文本、可视化、文本可视化等基本概念，然后对文本可视化的基本流程、分类、文本可视化的 Web 前端实现技术作了概述性说明，最后通过习题与实践来强化所学内容。

1.1 文 本 概 述

1.1.1 文本的概念

　　我们熟悉的"文本"一词一般认为来源于英文 Text，其可译为本文、正文、语篇、文档等。从词源上来说，文本源于拉丁文，起初的意义为织物(Textum)，即编织的东西。古罗马修辞学家昆提利安(Quintilianus)有一句名言："在你选择了你的词之后，它们必须编织成一种精致的织物。"这与中国"文"的概念颇有类似之处。《说文解字》称："仓颉之初作书，盖依类象形，故谓之文。""文者，物象之本。"后来，文本的概念演变成为："任何由书写所固定下来的任何话语，是透过存在过的语言或文字所组合而成的内容，且具有连贯性及编码意义。"

　　从文学角度来说，文本通常是指具有完整、系统含义的一个句子或多个句子、词语的组合。一个文本可以是一个句子(Sentence)、一个段落(Paragraph)或者一个篇章(Discourse)。文本是由语言文字组成的文学实体，代指"作品"，相对于作者、世界构成一个独立、自足的系统。

　　从语言学角度来说，文本指的是作品的可见可感的表层结构，是由一系列语句串联而成的连贯序列。文本可能只是一个单句(如谚语、格言、招牌等)，但比较普遍的是由一系列句子、词语组成的文字实体。前苏联符号学家洛特曼(Juri Lotman)指出：文本是外观的，即用一定的符号来表示；它是有限的，既有头有尾，也有内部结构。

1.1.2　文本数据

在计算机中，文本通常有两层含义：一是指文本数据类型，文本数据类型是和数值相区别的，不能用来进行数学运算的字符，如英文字母、汉字、不作为数值使用的数字(以单引号开头)和其他可输入的字符；二是指文本文档类型，文本文档类型主要用于记载和储存文字信息，而不是图像、声音和格式化数据。需要注意的是，在本书中，文本指的是文本类型的数据，文本数据具有半结构化(或非结构化)、高维、高数据量、语义性等特点。

1) 半结构化

文本数据既不是完全无结构的，也不是完全结构化的。例如，文本可能包含结构字段(如标题、作者、出版日期、长度、分类等)，也可能包含大量的非结构化的数据(如摘要和内容等)。

2) 高维

文本向量的维数一般都可以高达上万维，一般的数据挖掘、数据检索的方法因其计算量过大或代价高昂而不具有可行性。

3) 高数据量

一般的文本库中最少都会存在数千个文本样本，对这些文本进行预处理、编码、挖掘等处理的工作量非常庞大，手工方法一般难以胜任。

4) 语义性

语义是指语言所表示的意义，包括词汇意义、语法意义和语用意义。文本内容是由自然语言描述的，遵循特定的语法和语义。文本数据中存在着一词多义、多词一义，以及在时间和空间上的上下文相关性等情况。

1.1.3　文本信息

1) 信息

"信息"一词作为科学术语，最早出现在哈特莱(R.V. Hartley)于 1928 年撰写的《信息传输》一文中。20 世纪 40 年代，信息学的奠基人香农(C. E. Shannon)给出了信息的明确定义，他认为"信息是用来消除随机不确定性的东西"，即信息可以减少事件的不确定性，事件的不确定性越高，越需要额外的信息减少其不确定性。美国信息管理专家霍顿(F. W. Horton)给信息下的定义是：信息是为了满足用户决策的需要而经过加工处理的数据。

2) 文本信息

文本信息是指为了满足用户决策的需要，对文本内容经过加工处理后的数据。文本信息通常可以分为内容、结构和元数据三类。内容描述文本自身包含的信息。结构描述文本如何组织为不同的抽象层次，如篇、章、节等。元数据描述所有不包含在文本本身中的相关信息，如与出版相关的信息、引用等。为了对文本内容深入挖掘，可以将文本信息分为词汇、语法和语义三个层级。

(1) 词汇级(Lexical Level)信息。词汇级信息是指从一连串的文本文字中提取的语义单元信息。语义单元(Token)是由一个或多个字符组成的词元，它是文本信息的最小单元。词汇级可提取的信息包括文本涉及的字、词、短语，以及它们在文章内的分布统计、词根词位等相关信息。例如，常见的文本关键字属于词汇级信息。

(2) 语法级(Syntactic Level)信息。语法级信息是指基于文本的语言结构对词汇级的语义单元进一步分析和解释而提取的信息。语义单元的语法属性属于语法级信息，如词性、单复数、词与词之间的相似性，以及地点、时间、日期、人名等实体信息，这些属性可以通过语法分析器识别。

(3) 语义级(Semantic Level)信息。语义级信息是文本整体所表达的语义内容信息和语义关系，是文本的最高层信息。它不仅包括深入分析词汇级和语法级所提取的知识在文本中的含义，如文本的字词、短语等在文本中的含义和彼此间的关系，还包括作者通过文本所传达的信息，如文档的主题、情感等。

1.2 可视化概述

1.2.1 可视化的概念

"可视化"一词源于英文单词"visualization"，可译为"形象化""视觉化"等。用形象化和视觉化的方式将现实中存在的抽象事物、过程转化为图形、图表或动画的过程就是可视化。在人类历史上，通过视觉图像进行可视化一直是交流抽象和具体思想的有效方式。常见的例子包括洞穴壁画、象形文字、希腊几何学、早期地图与图表、抽象图形和函数图形等。图 1.1 所示为列奥纳多·达·芬奇绘制的水力永动机草图，将机械设备用图形形象地表示出来。在计算机领域，可视化(Visualization)是指利用计算机图形学和图像处理技术，将数据转换成图形或图像，在屏幕上显示出来并进行交互处理的技术。它涉及计算机图形学、图像处理、计算机视觉、计算机辅助设计等多个领域，成为研究数据表示、数据处理、决策分析等一系列问题的综合技术。当今，可视化技术在教育、工程、医学等领域的应用不断扩大。

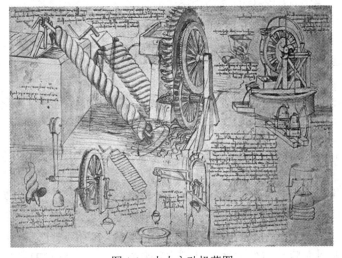

图 1.1 水力永动机草图

1.2.2 可视化技术

1. 科学可视化

可视化技术最早运用于计算机科学中，并形成了可视化技术的一个重要分支——科学可视化。1987 年，美国计算机科学家布鲁斯·麦考梅克在其关于科学可视化的定义之中，首次阐述了科学可视化的目标和范围，即"利用计算机图形学来创建视觉图像，帮助人们理解科学技术概念或结果的那些错综复杂而又往往规模庞大的数字表现形式。"这也强调了新的基于计算机的可视化技术的必要性。随着计算机运算能力的迅速提升，人们建立了规模越来越大、复杂程度越来越高的数值模型，从而造就了形形色色、体积庞大的数值型数据集。科学可视化的目标是把这些数据信息变为直观的、以图形图像信息表示的、随时间和空间变化的物理现象或物理量进而呈现在研究者面前，使他们便于观察、模拟和计算。

2. 信息可视化

"信息可视化"一词最初是由 Xerox PARC(施乐帕罗奥多研究中心)的用户界面研究小组提出的。信息可视化是可视化研究的另一个重要分支。20 世纪 80 年代末，视窗(Windows)系统的问世使得人们能够直接与信息进行交互。通过计算机程序的选择和转换，人们可以用一种交互探索和理解的形式来表示树、文本、数据库表格、计算机软件等抽象数据。1988 年，著名的统计图形学学者 William Cleverland 在其著作 *Dynamic Graphics for Statistics*(《用于统计的动态图形》)中详细总结了面向多变量统计数据的动态可视化手段。1989 年，Card 等人采用"Information Visualization"(信息可视化)命名该学科，并将其定义为"使用计算机支持的、交互式的抽象视觉表征来放大认知"。也即通过计算机处理数据并显示一个或多个可视化表达，用户通过与可视化表达进行交互来执行实际的数据分析。信息可视化的重要方面是视觉表示的动态性和交互性。强大的计算机技术使用户能够实时修改可视化，从而对所讨论的抽象数据中的模式和结构关系提供无与伦比的感知力。

3. 可视分析学

随着数据的快速增长，现有的可视化技术已难以应对海量、高维、多源和动态数据的分析挑战，需要新的可视化方法和交互手段来辅助用户从大尺度、复杂、矛盾甚至不完整的数据中快速挖掘有用的信息，以便作出有效决策。人们在综合了可视化技术、计算机图形学、数据挖掘理论与方法后，提出了可视分析学这一新的学科。可视分析学以交互式的可视化界面为基础来进行分析和推理，它将人类智慧与机器智能联结在一起，使得人类所独有的优势在分析过程中能够充分发挥。也就是说，人类可以通过可视化视图(View)进行人机交互，直观高效地将海量信息转换为知识并进行推理。

1.2.3 可视化的意义

在互联网时代，信息的生成、复制和传输变得前所未有的方便。微博、微信等社交媒体，各类网站和移动应用为普通人提供了高效生成信息的便利，越来越多的人同时扮演着作者和观众的角色，积极地参与内容生成。例如，新闻网站每隔几分钟就会发布一篇新文章，微博用户每天发布数百万条推文。对于这种海量数据，分析和理解其中的模式是一项困难的任务。此外，用户生成的内容通常是自由或非专业制作的，这可能会导致互联网上可用信息的高噪声比、矛盾和不准确，信息质量良莠不齐也会使人迷失方向。

为了理解大量数据的模型，人们探索了复杂的技术。数据挖掘和知识发现的研究领域都致力于从大型数据集或数据库中提取有用的信息。但是，对于这些数据集或数据库，数据分析任务通常完全由计算机执行，用户不参与分析过程，而是被动地接收计算机提供的结果。这些问题可以通过可视化技术解决，其主要目标是帮助用户查看信息、探索数据、理解有洞察力的数据模式，并监督数据分析过程。

应用可视化技术进行数据分析主要有以下几个优势。

(1) 信息的并行处理有助于发现隐藏的模式。科学家们已经证明：当大量信息和信号以适当的视觉形式呈现时，我们的大脑能够以并行方式有效地处理它们。将庞大而抽象的数据(如社交网络数据、文档语料库等)转化为可视化表示，可以帮助用户发现隐藏在数据中的模式或验证分析结果。

(2) 可视化可以减少认知负载。一个好的可视化设计能够以最小的认知传达大量信息。这就是人们常说的"一图胜千言"。人眼是一个高带宽的巨量视觉信号输入并行处理器，具有很强的模式识别能力，对可视符号的感知速度比对数字或文本快多个数量级。利用人眼的感知能力对数据进行交互的可视化表示可以增强人们的认知。可视化可以提供外部记忆辅助，还可以提供直接感知和使用的信息，而无需明确解释和表述。

(3) 可视化有助于"发现意想不到的事情"。正常的数据挖掘或知识发现方法在开始分析之前需要一个先验问题或假设。如果没有对数据的任何先验知识，我们将不得不列举所有的可能性，这既耗时又不安全。可视化可以在没有假设的情况下开始分析，并促进新假设的形成。较为著名的例子是安斯库姆四重奏(Anscombe's quartet)，该四重类由四组奇特的数据组成。如表 1-1 所示，其中每一组数据都包括了 11 个(x, y)点。这四组数据是由统计学家弗朗西斯•安斯库姆(Francis Anscombe)于 1973 年构造的，其目的是说明在分析数据前先绘制图表的重要性。

表 1-1 安斯库姆四重奏的数据组成

I		II		III		IV	
x	y	x	y	x	y	x	y
10.0	8.04	10.0	9.14	10.0	7.46	8.0	6.58
8.0	6.95	8.0	8.14	8.0	6.77	8.0	5.76
13.0	7.58	13.0	8.74	13.0	12.74	8.0	7.71
9.0	8.81	9.0	8.77	9.0	7.11	8.0	8.84
11.0	8.33	11.0	9.26	11.0	7.81	8.0	8.47
14.0	9.96	14.0	8.10	14.0	8.84	8.0	7.04
6.0	7.24	6.0	6.13	6.0	6.08	8.0	5.25
4.0	4.26	4.0	3.10	4.0	5.39	19.0	12.50
12.0	10.84	12.0	9.13	12.0	8.15	8.0	5.56
7.0	4.82	7.0	7.26	7.0	6.42	8.0	7.91
5.0	5.68	5.0	4.74	5.0	5.73	8.0	6.89

这四组数据具有共同的均值、方差、相关性等描述性统计特征，如表 1-2 所示。由它们绘制出的图表截然不同。图 1.2 所示为安斯库姆四重奏的四组数据图表，第一组数据绘制的

图表(见图(a))看起来是最"正常"的，由此可以看出两个随机变量之间的相关性；从第二组数据的图表(见图(b))中可以明显地看出两个随机变量间的关系是非线性的；从第三组数据的图中(见图(c))中可以看出，虽然两个随机变量间存在着线性关系，但由于一个离群值的存在，改变了线性回归线，也使得相关系数从 1 降至 0.81；从第四组数据的图表(见图(d))中可以看出，尽管两个随机变量间没有线性关系，但仅仅因为一个离群值的存在就使得相关系数变得很高。

表1-2　安斯库姆四重奏的描述性统计特征

描述性统计	值	精　确　性
x 的平均值	9	精确的
x 的样本方差	11	精确的
y 的平均值	7.50	精确到小数点后 2 位
y 的样本方差	4.125	精确到小数点后 3 位
x 和 y 之间的系数	0.816	精确到小数点后 3 位
线性回归线	$y = 3.00 + 0.500\,x$	分别精确到小数点后 2 位和 3 位

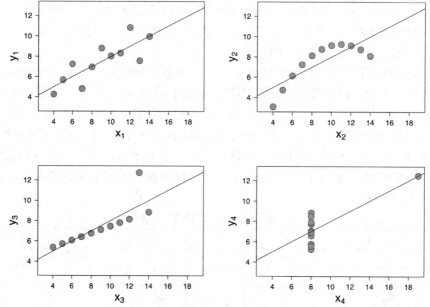

图 1.2　安斯库姆四重奏的四组数据图表

　　安斯库姆四重奏的例子告诉人们，在数据分析之前，描绘数据所对应的可视化图形很重要。现代计算机硬件的发展，特别是人机界面设备和高级图形卡的发展，进一步促进了人们对大型数据特征的探索。可视化技术允许用户使用不同层次的细节视觉表示来探索数据集。一般来说，一个优秀的可视化设计，应该要做到以下几点：

　　(1) 能提供整个数据集的一般信息，以便对整个数据进行观察，理解其整体结构，并最终确定感兴趣的内容。

　　(2) 能帮助我们分离出对数据中感兴趣的区域，并针对引起我们注意的模式生成合理的假设。这个过程类似于"缩放和过滤"，选择某个数据区域并提取兴趣模式。

　　(3) 能展示数据的细节，以供进一步分析，并最终证实或反驳我们的假设。鉴于数据细节是从一个孤立的区域提取的，可以避免研究人员被大量信息淹没，从而更有效地分析数据细节。可视化分析方法应遵循相同的原则，为普通用户提供一种交互式和直观的方式来探索数据。

1.3 文本可视化

1.3.1 文本可视化的概念

文本可视化是指将文本信息及其关系用形象化、视觉化的图形或图表进行表示的技术。文本可视化可以视为信息可视化的一个子领域。通常，文本信息可以分为内容、结构、元数据三类。内容描述了文本自身包含的信息，传递这类信息的典型做法是将这些文本展示给读者，因为内容可以通过阅读来理解。结构描述的是文本内容的组织方式，是一种抽象的层次，如句子、段落、节、章或文档集合中的元素。图书的目录可以认为是一种基本的文档结构可视化方式。元数据通常保存文档自身的信息，而不是内容，如作者、出版社、出版日期等。元数据的可视化应该提供元数据自身信息的展示，还要提供元数据与文档内容和文档结构的关联方法。

图 1.3 所示为 Adobe Acrobat 软件对 PDF 电子图书的可视化示例。图的左侧是图书目录，以书签树图的形式呈现，单击书签可以跳转到单个页面。图的中间是文档单个页面的详细内容，可以通过滚动工具来阅读上下文，还可以通过缩放工具调整视图以达到最佳的阅读体验。此外，在阅读时可以对感兴趣的内容进行高亮显示、添加附注、插入书签来辅助阅读加深理解。文档的上下文信息还可以通过一组缩略图显示，单击缩略图可以跳转页面。

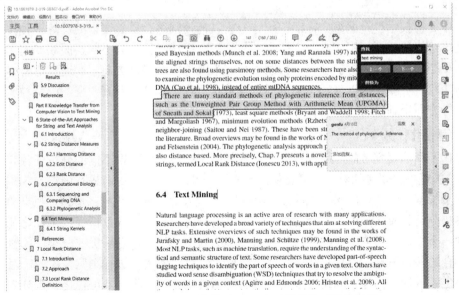

图 1.3　Adobe Acrobat 软件对 PDF 电子图书的可视化示例

上述文本可视化方法非常简洁，适合单文档的阅读。但是对于一些大规模文档集合，人工阅读变得极为困难，需要运用文本分析技术，通过生成文档集合的摘要表示，传递有关其一般主题内容和相似性结构的信息，促进理解和分析推理过程。图 1.4 是对维基语料库文本的主题可视化系统(Wikipedia Topics)。该系统首先采用 LDA(Latent Dirichlet Allocation，隐含狄利克雷分布)方法从语料库中提取主题，然后以单词列表的形式来展示主题模型的结果。通过单击图 1.4 左上角主题列表中的主题选项，可以对主题的文档详细信息作进一步的探索。例如，选择"电影和电视"的主题，可以查看主题的关键词、相关文档、相关主题及文档的细节。这种可视化方法可以处理大型语料，帮助用户探索与理解隐藏在语料库中的主题信息。

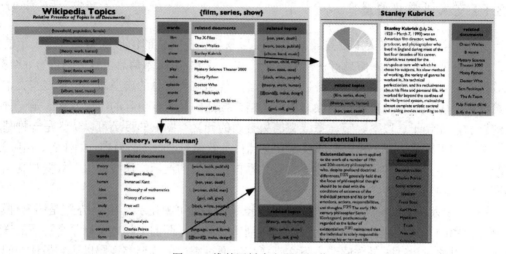

图 1.4　维基语料库主题可视化

1.3.2　文本可视化的类型

文本分析技术涉及面很广，涵盖统计分析、神经网络、自然语言处理等多种技术。高效的文本可视化需要运用文本分析技术，从词汇、语法、语义等不同层面获取信息，支持对文本文档的结构和内容的理解，帮助用户在未阅读整个文档之前，快速定位特定细节信息。自 20 世纪 90 年代以来，文本可视化技术在可视化任务、数据类型、应用领域、可视化设计等方面得到了广泛的研究和发展。

1. 可视化任务

根据不同的研究目的，用户在进行文本分析时往往需要实现不同的分析任务和可视化任务。分析任务主要包括对文本或文档进行总结，例如，对文本内容进行词汇、文本特征(如平均句子长度和句法)的分析，提取文本摘要、主题及进行命名识别；情感、观点和立场分析；趋势分析和模式分析；文档的关系与联系的分析；文本对齐分析等。可视化任务则包括找到一个文档中用户感兴趣的内容，对文本的内容、特征进行聚类或分类，比较文档和文档集合的各种信息，查看文本内容的总体概览，对文本内容进行浏览与探索，对文本中的不确定性进行分析等。因此，按照任务的不同类型，可以将文本可视化分析分为文本内容可视化、情感可视化、文档相似性分析、语料库探索等。

图 1.5 是英文文本分析与可视化系统(Voyant Tools)。该系统可以加载单文档或语料库，首先对文本进行预处理，然后可视化展示。Voyant Tools 的可视化功能非常丰富，包括文

档总结、统计词频、生成词云、显示文档与术语关系、呈现文档术语的上下文信息、展示主题、显示文档详细内容、呈现术语文档演化趋势等。Voyant Tools 系统界面由 5 个部分组成，如图 1.5 的(a)~(e)所示。图 1.5(a)主要用于展示整个语料库的高频术语，术语可以以术语—词频关系列表、词云、术语间的链接关系多种形式呈现，词云中出现次数更多的词拥有更大的字号，术语—词频关系列表按术语出现的次数进行排序。图 1.5(b)显示了语料库原始文档信息，便于用户进一步查阅。图 1.5(c)展示了术语与文档之间的关系，如术语在某个文档中出现的次数可以通过列表或平滑折线图的形式呈现。图 1.5(d)对语料进行了总结，如语料库的文档数量、文档长度比较、每个文档的单词数量、句子平均长度、词语密度、可读性指数、前 5 个高频词、独特词语(与语料库的其他部分相比)等。图 1.5 (e)可用于展示术语的上下文信息、文档主题、搭配词等。

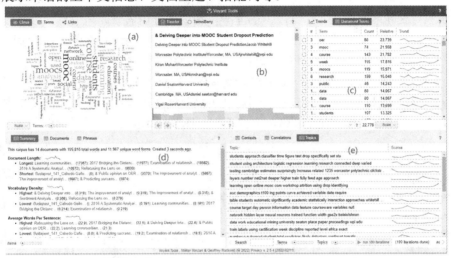

图 1.5　英文文本分析与可视化系统(Voyant Tools)

Voyant Tools 还可以对语料进行降维、聚类、相似性与相关性分析，其结果以散点图的形式呈现。这一类可视化以文档和词频作为输入，用户可以自由选择参与分析的文档数量，词频也可以选择绝对词频、相对词频或 TF-IDF 等多种形式。分析的项目包括主成分分析、t-分布随机邻域嵌入(t-distributed stochastic neighbor embedding，t-SNE)降维、聚类、相似性、相关性等，最终结果以散点图加词语的形式展示，如图 1.6 所示。

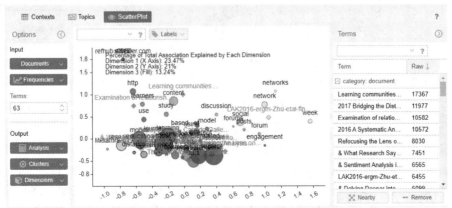

图 1.6　降维、聚类、相似性可视化

2. 数据类型

文本可视化从数据源上可以分为单文档、语料库、文本流三种类型。单文档是最常见的文本数据，用于表示文档的可视化通常侧重于说明总结文档的内容或语言特征，比较各种文档之间的关系，以促进对各种文档的有效理解或比较，如各类论文、新闻文章、在线网页等。语料库是单文档的集合，用于表示语料库的可视化，通常侧重于显示整个数据集的统计数据，如文本主题、情感和观点等。文本流也称为时序文本，例如，在社交媒体上发布或转发的消息，是在其中连续生成的文本数据。可视化显示此类文本流有助于说明数据随时间变化的总体趋势。

例如，用于调查社交媒体错误信息的 Verifi2 可视化分析系统，该系统使用先进的计算方法突出显示可疑新闻账户的语言、社交网络和图像特征，用户可以从文档级别进行探索，对比真实和可疑新闻媒体在多个维度上的差异，帮助区分虚假新闻与信息。该系统分析的数据为 Twitter 文本流，系统界面由 5 个视图组成，如图 1.7 所示，其中图 1.7(a)为用户视图，呈现用户名、发文时间和语言特征的信息；图 1.7(b)为社交网络视图，展示用户之间的关系；图 1.7(c)为实体词云视图，展示 Twitter 文本流中有关位置、人名和组织等关键词；图 1.7(d)为文字和图像比较视图，用于比较真实新闻和可疑新闻之间在所用图像和推文文本中的差异，从中可以看出这些群体使用图像的方式不同；图 1.7(e)为推特内容展示视图。

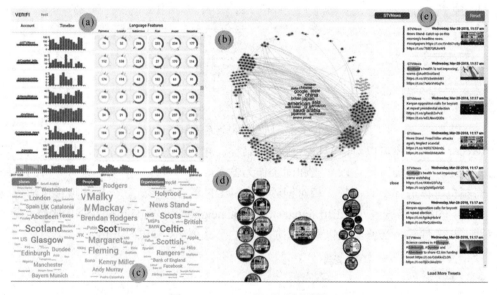

图 1.7   Verifi2 可视化分析系统

3. 应用领域

按应用领域的不同，文本可视化可分为社交媒体、通信数据、顾客评论、文学与诗歌、专利和科学论文、编辑媒体等不同类型。社交媒体是指在线论坛、博客、微博和社交网络等，是文本可视化研究的主要数据来源之一。通信数据主要包括电子邮件、聊天等文本数据。顾客评论是指用户通过在线平台对产品进行评价和反馈，表达他们的意见与看法。在社交媒体兴起之前，文本可视化主要用于分析产品评论和客户反馈。文学与诗歌的可视化主要是对诗歌或文学书籍中的内容进行可视化分析。专利和科学论文的可视化主要对已出版的专利和论文文本进行可视化，以便于快速掌握它们的研究热点和发展趋势。编辑媒体的可视化主要是指对新闻文章或领域知识服务网站中的文本进行可视化。

图 1.8 是一种探索和交流电影中非线性叙事的 Story Explorer 故事可视化系统。该系统能自动解析电影脚本并提取基本的故事元素，如场景和角色，以及它们的语义元数据等。图 1.8 示例了电影《低俗小说》(pulp fiction)的非线性叙事可视化。图 1.8(a)显示了如何按照故事和叙事顺序从一系列事件中构建故事曲线；图 1.8(b)为电影的故事曲线示例，显示了电影主角(彩色片段)、故事发生的位置(彩色带）和时间(灰色背景)，并根据叙事顺序与实际故事顺序的偏离程度计算非线性指数(Nonlinearity)。

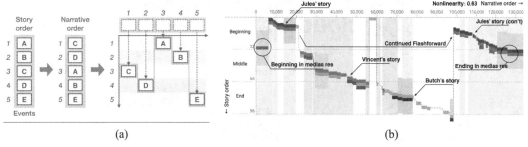

(a)　　　　　　　　　　　　　　　　　　　　(b)

图 1.8　Story Explorer 故事可视化系统

4. 可视化设计

可视化设计包括可视化的维度、表征方式和对齐方式三个方面，可视化的维度包括二维和三维两种主要形式。例如，文本可视化通常采用二维可视化形式，通过将两组数据以柱形图、折线图、饼图、散点图等可视化图表在二维坐标上进行展示；也有少数案例使用三维图形表示。科学可视化通常采用计算机仿真的三维模型构建建筑学、气象学、医学或生物学方面的各种可视化系统，对其中的体、面以及光源等进行逼真渲染。图 1.9 所示为 Topic Islands 主题可视化系统，该系统采用三维视图可视化主题模型，可以对文档的主题特征进行不同粒度的分析。

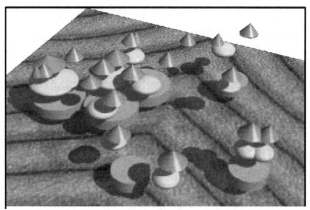

图 1.9　Topic Islands 主题可视化系统

可视化表征方式是指可视化的图表类型，主要有词云图、折线图、河流图、像素图、区域图和矩阵图、节点连接图、云图和星系图、地图等方式。图 1.10 是 Wordle 词云图，是文本可视化中最常用的可视化图表，可以将语料库中的高频词生成紧凑、美观的词云效果图。对齐方式是指可视化图形元素的排列方式，通常有辐射型、线型、平行等几种方式。

图 1.11 是一种故事交互可视化系统 StoryPrint。该系统采用辐射型的对齐方式来布局可视化元素，其围绕一个圆形时间轴来绘制场景、角色存在和角色情感，以帮助电影爱好者对电影结构进行深入分析，更广泛和深入地理解这些数据和故事格式，识别主题或结构模式。

图 1.10　Wordle 词云图

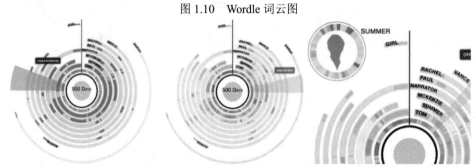

图 1.11　故事交互可视化系统 StoryPrint

1.3.2　文本可视化的流程

文本可视化是一个以数据流向为主线的完整流程，主要环节包括数据采集、文本分析、可视化映射、设计与开发、用户感知等，如图 1.12 所示。一个完整的文本可视化过程，可以看作是数据流经过一系列处理模块并得到转化的过程，用户可以通过可视化交互从可视化映射后的结果中获取知识和灵感。

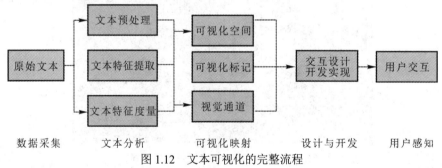

图 1.12　文本可视化的完整流程

1. 数据采集

数据采集是文本可视化的第一步，应针对可视化的目标与任务，以及提出的相应问题，确定采集数据的方法与途径。文本数据采集的分类方法有很多，从数据来源的不同进行分类，主要分为开源数据、内部数据、外部数据等，一般可以通过下载、网络爬虫等方法获得数据。

在数据采集的时候要特别注意数据著作权、隐私保护等问题，确保数据使用的合法性。

2. 文本分析

文本分析是文本可视化的前提条件，包括文本预处理、文本特征提取和文本特征度量三个环节。一方面，通过前期的数据采集得到的数据，不可避免地含有噪声和误差，数据质量较低，需要通过预处理将无效数据过滤，提取出有效信息；另一方面，数据的特征、模式往往隐藏在海量的数据中，需要进一步的数据挖掘才能提取出来。一般而言，文本预处理是指对已经获取文本进行一定的处理，将其转换为方便计算机识别的数据格式。文本特征提取是指抽取文本的关键词、词频分布、语法级的实体信息、语义级的主题等。文本特征度量是指对多种环境或多个数据源所抽取的文本特征进行深层分析，如相似性分析、文本聚类分析、文本情感分析等。

3. 可视化映射

对文本数据进行清洗、去噪，并按可视化业务目的提取和度量特征后，就到了可视化映射环节。可视化映射是整个文本可视化流程的核心，是指将处理后的文本特征信息映射成可视化元素的过程。可视化元素由可视化空间、可视化标记、视觉通道三个部分组成。具体如下：

(1) 可视化空间。文本数据可视化的显示空间，通常是二维坐标空间。例如，散点图、折线图、饼图等都是在二维坐标中空间展示。

(2) 可视化标记。可视化标记是文本特征值到可视化几何图形元素的映射，用来代表数据属性的归类。根据空间自由度的差别，可视化标记可以分为点、线、面、体。例如，常见的散点图、折线图、矩形树图、三维柱状图，分别采用了点、线、面、体这四种不同类型的标记。

(3) 视觉通道。数据属性的值到标记的视觉呈现参数的映射，叫作视觉通道，通常用于展示数据属性的定量信息。常用的视觉通道包括：标记的位置，大小(长度、面积、体积)，形状(三角形、圆、方体)，颜色(色调、饱和度、亮度、透明度)等。

4. 设计与开发

(1) 交互设计。可视化的目的是反映数据的数值、特征和模式，以更加直观、易于理解的方式，将数据背后的信息呈现给目标用户，辅助其作出正确的决策。但是，如果在可视化图形中，将所有的信息不经过组织和筛选，全部机械地摆放出来，不仅会让整个页面显得特别臃肿和混乱，缺乏美感；而且会模糊了重点，分散用户的注意力，降低用户单位时间获取信息的效率。因此，需要通过交互的方式动态呈现信息，降低信息过载。常见的交互方式包括：滚动和缩放、调色板、检索、细节隐藏、鼠标事件等。

(2) 开发实现。文本可视化系统的开发实现主要包括文本分析、界面与功能实现两个部分。文本分析可以选择 Python、R 语言等数据分析工具对文本进行预处理，提取文本特征，然后运用 HTML、CSS、JavaScript、Canvas、SVG、D3.js、ECharts 等 Web 前端技术与可视化工具实现可视化系统。

5. 用户感知

只有被用户感知之后，可视化的结果才可以转化为知识和灵感。用户在感知的过程中，除了被动接受可视化的图形之外，还可以通过与可视化各模块之间的交互，主动获取信息。

1.4　文本可视化前端技术

文本可视化的结果通常需要通过 Web 前端技术在浏览器中进行展示，方便用户的使用与查看。文本可视化的前端实现通常用 Python、R 语言等数据分析工具对文本进行处理后，输出文本特征值，然后通过 HTML、CSS、JavaScript、Canvas、SVG、D3.js、ECharts 等前端可视化工具开发 Web 页面，实现可视化系统界面。除了文本可视化前端技术之外，也可以通过 Python 的绘图工具 Matplotlib 或其他库将文本特征图形化展示。

1. HTML

HTML 意为超文本标记语言(Hyper Text Markup Language)，是一种用于创建网页的超文本标记语言。使用 HTML 技术可以建立自己的 Web 站点，并用浏览器来解析与呈现。HTML 技术以元素标记的形式来定义 Web 页面的结构，说明页面内容的类型、属性和值，描述 Web 页面之间的链接关系。在文本可视化中，HTML 用于定义可视化图表的框架与容器、可视化元素的类型以及在浏览器中出现的位置。

2. CSS

CSS 是指层叠样式表 (Cascading Style Sheets)，用于定义如何显示 HTML 元素。CSS 技术将 Web 页面的内容与表现分离出来，极大地提高工作效率。在文本可视化中，CSS 的作用是为可视化图表设计样式，以便能更美观地呈现。例如，通过 CSS 可以为词云设计字体、间距、尺寸、颜色、边框、隐藏或显示、动画与交互等。

3. JavaScript

JavaScript 是一种直译式脚本语言，是 Web 页面开发的三大基础技术之一。前文已经介绍了 HTML 用于定义网页内容，CSS 规定网页的布局与样式，而 JavaScript 是对网页行为进行编程。网页行为是指用户与网页之间的互动。当用户触发鼠标、键盘事件时，网页产生动画、变色、缩放等响应动作。在文本可视化中，JavaScript 可用于实现交互设计和用户交互功能。例如，显示隐藏的文本信息、放大可视化图表中的文字、实现镜头效果等。

4. Canvas

Canvas 是 HTML5 的画布元素，使用 Canvas 元素可在网页上通过 JavaScript 绘制图像。Canvas 画布是一个矩形区域，具有绘制路径、矩形、圆形、字符以及添加图像等多种功能。Canvas 可用于绘制文本可视化图表中的各种图形元素。有一些数据可视化开源库以 canvas 作为绘图画布。例如，Chart.js 就是一个基于 Canvas 的可视化开源库，它可以构建简单漂亮的 HTML5 图表，满足产品数据可视化的需求。

5. SVG

SVG 意为可缩放的矢量图形(Scalable Vector Graphics)，是一种基于 XML 的图像文件格式。SVG 可以绘制点、折线、矩形、多边形和圆形等图形，也能定义颜色渐变。与位图图像相比，SVG 具有尺寸更小、可压缩性更强、可伸缩等特点，在放大或改变尺寸的情况下仍能保证图形的质量，因而在数据可视化中被广泛使用。例如，知名的数据可视化库 D3.js、Google Charts 都以 SVG 作为绘图的容器。

6. D3.js

D3.js 意为数据驱动的文档(Data-Driven Documents 或 D3)，是一个 JavaScript 库，用于创建数据可视化图形。其中的文档是指基于 Web 的文档(或者网页)，D3 扮演的是驱动程序的角色，联系数据和 Web 文档。D3 以 HTML、CSS、JavaScript 和 SVG 为基础，将可视化和交互技术与数据驱动的 DOM 操作方法相结合，通过操作图标或者自定义的图形来表达想要展示数据的方式。在文本可视化中，D3 可用于绘制词云图、情感视图、主题和故事可视化图表等。

7. ECharts

ECharts 意为商业级数据表(Enterprise Charts)，是一个使用 JavaScript 实现的开源可视化库。ECharts 提供了常规的散点图、折线图、柱状图、饼图，以及用于统计的盒形图，用于地理数据可视化的地图、热力图、线图，用于关系数据可视化的关系图、树图、旭日图等。在文本可视化方面，ECharts 的主题河流图能用于绘制基于时序的主题演变可视化图表，echarts-wordcloud 可用于绘制动态词云图。

8. Python

Python 是一种高级、开源、通用的编程语言，广泛用于脚本编写及跨领域应用。Python 提供了高效的高级数据结构，使用面向对象编程(Objected-Oriented Programming，OOP)和构造，可以像使用任何其他面向对象的语言一样使用它。Python 具有友好易学、高级抽象、简洁高效、免费开源、可移植性等特点。Python 支持多种文本分析、自然语言处理的机器学习框架，如 Gensim、Jieba、NLTK、CoreNLP、BERT、TextBlob 等。

9. Matplotlib

Matplotlib 是 Python 的绘图库，它能让使用者很轻松地将数据图形化，并且提供多样化的输出格式。Matplotlib 可以用来绘制散点图、线图、等高线图、条形图、柱状图、3D 图形，甚至是图形动画等各种静态、动态、交互式的图表。

习 题 与 实 践

1. 什么是文本、文本数据及文本信息？
2. 请举例说明，什么是可视化，什么是科学可视化、信息可视化、可视分析学。
3. 结合现实举例说明可视化的意义。
4. 什么是文本可视化？文本可视化有哪几种类型？文本可视化的流程是怎样的？
5. 从网上下载在线评论文本数据，如电影、图书、在线课程、电子商务等用户评论，尝试使用线上文本分析与可视化工具对文本进行处理，总结评论文本，生成词云，分析情感并用可视化方式呈现出分析结果。

第2章 文本分析技术

本章主要介绍文本分析技术，主要包括文本预处理、数据模型、文本相似度分析、文本情感分析。文本预处理主要介绍分词、去停用词、词干提取、词形还原等环节；数据模型部分主要介绍基于词汇、基于语义和基于句法的数据模型；文本相似度分析部分首先介绍文本相似度分析的算法，然后通过实例计算文档之间的相似度；文本情感分析部分主要介绍基于情感词典的方法和基于传统机器学习的方法。本章采用基本概念介绍与工具实践相结合的方法，提高读者对文本分析技术的理解与应用能力。程序实现使用的是 Python 语言及其开源库作为开发工具，开发环境为 PyCharm Community。

2.1 文本预处理

在文本可视化中，为了能提取语料中的文本特征值，必须要对文本进行预处理操作。即将文本语料切分成词汇序列，去除非必要信息，提取保留有意义的部分。文本预处理按照流程主要包括分词、去停用词、词干提取、词形还原等环节。

2.1.1 分词

1. 基本概念

分词是指将连续的文本分割成语义合理的若干词汇序列，是文本分析、文本可视化任务的底层技术。不同的人类自然语言在分词方法上存在较大的差异。例如，英文有天然的空格作为分隔符，可以将空格作为分词的依据。而中文行文没有空格，因此如何切分是一个难点，再加上中文里一词多义的情况非常多，很容易出现歧义。中文自动分词技术经过多年的探索，提出了很多方法，主要归纳为"规则分词""统计分词"和"混合分词"三种。

(1) 规则分词是一种机械分词方法，主要是通过维护词典的方式，在切分语句时，将语句的每个字符串与词表中的词逐一匹配，若找到则切分，否则不予切分。按照匹配切分的方式分类，主要有正向最大匹配法、逆向最大匹配法和双向最大匹配法三种方法。

(2) 统计分词的主要思想是把每个词看作是由词的最小单位的各个字组成的，如果相连的字在不同的文本中出现的次数越多，就认为这相连的字很可能就是一个词语。因此可以利用字与字相邻出现的频率来反映成词的可靠度，统计语料中相邻共现的各个字的组合频度。当组合频度高于某一个临界值时，我们便可认为此相连的字可能会构成一个词语。常见的模型有隐马尔可夫模型(Hidden Markov Model，HMM)、条件随机场模型(Conditional Random Field，CRF)等。

(3) 混合分词就是结合规则分词和统计分词两种方法的分词技术，即"规则 + 统计"，最常用的方式是先基于规则进行分词，然后用统计分词方法进行辅助。随着自然语言处理技术的发展，现代中文分词技术已经不再是单一方法的使用，而是多种方法的混合运用。例如，由百度工程师 Sun Junyi 团队开发的开源库 jieba 就是综合了词典和统计方法的分词工具。

2. 分词实践

1) 英文分词

常用的英文分词工具主要有 NLTK(Natural Language Toolkit)、SpaCy、StanfordCoreNLP 等。NLTK 是由宾夕法尼亚大学的 Steven Bird 和 Edward Loper 在 Python 的基础上开发的一个自然语言处理工具包。SpaCy 是世界上最快的工业级自然语言处理工具，是一个免费的开源库，具有分词、词性标注、词干化、命名实体识别、名词短语提取等功能。StanfordCoreNLP 是斯坦福大学自然语言处理的研究成果，集成了分词、词性标注、句法分析等功能。此外，也可以选择一些在线的分词工具对分词开源库进行集成，用户只要输入文本，设计友好的界面即可自动生成分词结果。

我们以 NLTK 为例，通过 Python 实现英文分词，开发集成软件环境为 PyCharm。使用前需先安装 NLTK(可参考 NLTK 官网)。

以下展示了 NLTK 分词的实现方法：

```
import nltk
sentence = """At eight o'clock on Thursday morning. Arthur didn't feel very good."""
tokens = nltk.word_tokenize(sentence)
print(tokens)
```

以上代码首先通过 import 导入 nltk 自然语言处理包，接下来定义需要分词的句子(sentence)，然后使用 nltk 的 word_tokenize 方法对 sentence 进行分词，最后打印分词的结果如下：

```
['At', 'eight', "o'clock", 'on', 'Thursday', 'morning', '.', 'Arthur', 'did', "n't", 'feel', 'very', 'good', '.']
```

由结果可知，句子被分割为独立的单词，包括标点符号，其中 didn't 被拆分成'did' 和 "n't"，"n't"没有转换为 not。如果想进一步转换，则可以使用正则法进行替换。

2) 中文分词

国内已经有很多公司或科研机构开发了中文分词工具，其中常用的有 jieba(百度)、LTP(哈工大)、THULAC(清华大学)、NLPIR(中科院计算所)、pkuseg(北京大学)、SnowNLP、Hanlp(自然语义)等。需要说明的是，这些中文分词工具除了分词功能之外，大多数还有词性标注、命名实体识别、句法分析、语义依存分析等功能。此外，有些英文分词工具也支持中文分词(如 StanfordCoreNLP 等)，但其在分词效果上存在一定差异。同样，一些中文分词工具也支持外文分词，如 Hanlp 除了支持中文外，还可以用于英语、日语的分词。下面以 jieba 为例讲解实现中文分词过程。

jieba 分词中，首先通过对照词典生成句子的有向无环图，再按选择的模式不同，根据词典寻找最短路径后对句子进行截取或直接对句子进行截取。对于未登录词(不在词典中的词)使用 HMM(Hidden Markow Model，隐马尔可夫模型)进行新词发现。jieba0.4 以上版本支持以下四种模式的分词。

(1) 精确模式：试图将句子最精确地切开，只输出最大概率组合。

(2) 搜索引擎模式：在精确模式的基础上，对长词再次切分，提高召回率，适用于搜索引擎分词。

(3) 全模式：把句子中所有的可以成词的词语都扫描出来，全模式速度非常快，但不能解决歧义。

(4) paddle 模式：利用 PaddlePaddle 深度学习框架，训练序列标注(双向 GRU)网络模型实现分词，同时支持词性标注。需要注意的是：paddle 模式的使用需要先安装paddlepaddle-tiny，Jieba 版本需要 0.4 以上。

可以通过以下三种方法安装 jieba。

(1) 方法一：Windows 命令行工具。

在 Windows 系统中，使用命令行工具输入下列命令：pip install jieba。

paddlepaddle-tiny 的安装：pip install paddlepaddle-tiny==1.6.1。

(2) 方法二：Pycharm 终端。

在 Pycharm 开发环境的底部属性栏中，选择 Terminal(终端)，并在当前目录下输入 pip install jieba，如图 2.1 所示。

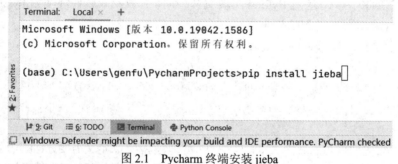

图 2.1　Pycharm 终端安装 jieba

(3) 方法三：PyCharmProject Interpreter。

在 PyCharm 的文件菜单中，打开 Settings(设置)选项，在左侧项目(Project)选项卡中使用 Project Interpreter(项目解释器)，并在右边的窗口单击"+"按钮，从可安装的库文件列表中选择 jieba 进行安装，如图 2.2 所示。

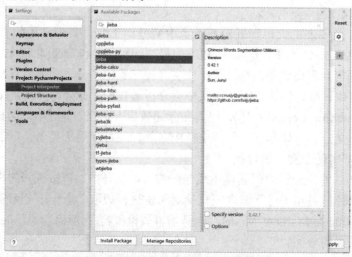

图 2.2　在 Pycharm 设置中安装 jieba

以下代码展示了 jieba 分词四种模式的实现方法：

```
import jieba
sentence="我 2015 年毕业于中国科学技术大学。"
tokens=jieba.cut(sentence,cut_all=False,HMM=True)          # 使用精确模式
print("精确模式：  "+"/".join(tokens))
tokens=jieba.cut(sentence,cut_all=True,HMM=True)           # 使用全模式
print("全模式：  "+" /".join(tokens))
tokens=jieba.cut_for_search (sentence, HMM=True)           # 使用搜索引擎模式
print("搜索引擎模式：  "+"/ ".join(tokens))
tokens=jieba.cut(sentence, use_paddle=True)                # 使用 paddle 模式
print("paddle 模式：  "+"/ ".join(tokens))
```

以上代码首先用 import 引入 jieba 工具包，接着定义待分词的句子 sentence，再用 jieba.cut 方法进行分词。其中参数 cut_all 是指是否为全模式，若是则为 True，若否则为 False。HMM 是指使用隐含马尔可夫模型进行分词。HMM 的作用就在于当对某一句话进行分词时会出现词典中没有出现过的词语，但是它会自动识别他们能够组成词语的概率，并对其进行组合。如果想将分词结果保存在 Python 列表(list)中，则可以使用 jieba.cut 方法进行分词。

上述代码输出结果为：

```
精确模式：我/2015/年/毕业/于/中国/科学技术/大学/。
全模式：我/2015/年/毕业/于/中国/科学/科学技术/技术/大学/。
搜索引擎模式：我/2015/年/毕业/于/中国/科学/技术/科学技术/大学/。
paddle 模式：我/2015 年/毕业/于/中国科学技术大学/。
```

由结果可知，全模式和搜索引擎模式下，jieba 会把分词的所有可能都打印出来。一般直接使用精确模式即可，但是在某些模糊匹配场景下，使用全模式或搜索引擎模式更适合。此外，paddle 模式在复合名词的分词上更为准确，本例能准确识别出"2015 年"和"中国科学技术大学"，但是 paddle 模式的耗时一般要长于其他模式。

2.1.2　去停用词

1. 基本概念

停用词(stop words)是指没有或只有极小意义的词语。通常在处理过程中将它们从文本中删除，以保留具有最大意义及语境的词语。英文中，类似"a""the""an"等功能词非常普遍，与其他词相比，这些词并没有实际含义。中文中，类似"的""地""得""。"等字或符号出现频率很高，但实际含义不高。在信息检索中，停用词的存在不仅会浪费存储空间，而且会让搜索的计算复杂度接近穷举搜索，极易让搜索的空间复杂度失控。

去停用词时首先需构建停用词表，然后在文本预处理中过滤停用词。停用词表可以根据项目的需要自行构建，也可下载一些自然语言处理工具包提供的停用词表。例如，NLTK 中有一个英文的停用词表；中文常用的停用词表有哈工大停用词表、百度停用词表、四川大学机器智能实验室停用词库等。目前，还没有普遍或已穷尽的停用词列表，每个领域或语言可能都有一系列独有的停用词。

2. 去停用词实践

1) 英文去停用词

我们使用 NLTK 工具包对英文文本进行去停用词处理。需要下载 NLTK 停用词表的代码如下：

```
import nltk
print("NLTK 版本："+nltk.__version__)
stop_words = nltk.corpus.stopwords.words('english')
print("NLTK 停用词数量：")
print(len(stop_words))
print("NLTK 停用词为：")
print(stop_words)
```

以上代码首先引入 NLTK 库，使用 nltk.corpus.stopwords.words 方法下载 NLTK 中的停用词表，并将结果保存在 Python 列表 stop_words 中，接下来输出停用词表的长度和具体内容，结果如下。

```
NLTK 版本：3.6.2
NLTK 停用词数量：
179
NLTK 停用词为：
['i', 'me', 'my', 'myself', 'we', 'our', 'ours', 'ourselves', 'you', "you're", "you've", "you'll", "you'd", 'your', 'yours',
'yourself', 'yourselves', 'he', 'him', 'his', 'himself', 'she', "she's", 'her', 'hers', 'herself', 'it', "it's", 'its', 'itself', 'they',
'them', 'their', 'theirs', 'themselves', 'what', 'which', 'who', 'whom', 'this', 'that', "that'll", 'these', 'those', 'am', 'is', 'are',
'was', 'were', 'be', 'been', 'being', 'have', 'has', 'had', 'having', 'do', 'does', 'did', 'doing', 'a', 'an', 'the', 'and', 'but', 'if',
'or', 'because', 'as', 'until', 'while', 'of', 'at', 'by', 'for', 'with', 'about', 'against', 'between', 'into', 'through', 'during',
'before', 'after', 'above', 'below', 'to', 'from', 'up', 'down', 'in', 'out', 'on', 'off', 'over', 'under', 'again', 'further', 'then',
'once', 'here', 'there', 'when', 'where', 'why', 'how', 'all', 'any', 'both', 'each', 'few', 'more', 'most', 'other', 'some', 'such',
'no', 'nor', 'not', 'only', 'own', 'same', 'so', 'than', 'too', 'very', 's', 't', 'can', 'will', 'just', 'don', "don't", 'should',
"should've", 'now', 'd', 'll', 'm', 'o', 're', 've', 'y', 'ain', 'aren', "aren't", 'couldn', "couldn't", 'didn', "didn't", 'doesn',
"doesn't", 'hadn', "hadn't", 'hasn', "hasn't", 'haven', "haven't", 'isn', "isn't", 'ma', 'mightn', "mightn't", 'mustn',
"mustn't", 'needn', "needn't", 'shan', "shan't", 'shouldn', "shouldn't", 'wasn', "wasn't", 'weren', "weren't", 'won',
"won't", 'wouldn', "wouldn't"]
```

结果显示：在 NLTK 3.6.2 版中共包含了 179 个停用词，如"i""me""my""of""at"等具体的停用词可以查看列表。下载了停用词表后即可对语料中的停用词进行去除，实现代码如下。

```
import nltk
stop_words = nltk.corpus.stopwords.words('english')
sentence="This is a sample sentence, showing off the stop words filtration."
word_tokens = nltk.word_tokenize(sentence)
filtered_word_tokens = []
```

```
for w in word_tokens:
    if w not in stop_words:
        filtered_word_tokens.append(w)
print("去停用词前：")
print(word_tokens)
print("去停用词后：")
print(filtered_word_tokens)
```

去停用词前的结果如下：

```
['This', 'is', 'a', 'sample', 'sentence', ',', 'showing', 'off', 'the', 'stop', 'words', 'filtration', '.']
```

去停用词后的结果如下：

```
['This', 'sample', 'sentence', ',', 'showing', 'stop', 'words', 'filtration', '.']
```

以上代码在下载 NLTK 的停用词表后，对语料 sentence 进行去停用词处理，并比较处理前后的结果。具体过程包括下载停用词表、分词处理和过滤停用词三个环节。去停用词前后的结果以词项的形式分别存入 word_tokens 和 filtered_word_tokens 中。从结果可以看到：原文中的"s""a""off""the"四个单词被去除，但结果中仍然留有','.'等极小意义的标点符号。如果要将这些符号也去除，我们可以在停用词表中添加一些单词或符号对停用词表进行扩充，然后再实施去停用词处理。

以下代码通过 Python 的 append 方法在停用词列表中添加新的停用词","".""！"
"？"，在停用词列表的尾部增加了新的内容输出结果后，显示停用词的数量变为 183。

```
import nltk
stop_words = nltk.corpus.stopwords.words('english')
for w in ['!',',','.','?']:
    stop_words.append(w)
print(len(stop_words))
print(stop_words)
```

显示结果如下：

```
停用词数量：183
```

添加了新的停用词后，重新对文本进行处理，结果如下：

```
去停用词前：
['This', 'is', 'a', 'sample', 'sentence', ',', 'showing', 'off', 'the', 'stop', 'words', 'filtration', '.']
去停用词后：
['This', 'sample', 'sentence', 'showing', 'stop', 'words', 'filtration']
```

2）中文去停用词

我们以百度中文停用词表为例，并结合 jieba 分词工具进行中文去停用词的处理。首先下载百度中文停用词表，并将结果以 baidu_stopwords.txt 文本文件保存在工程目录下，然后读取停用词表的基本信息，实现代码如下。

```
import jieba
#定义停用词读取函数
```

```
def get_stopword_list(file):
    with open(file, 'r', encoding='utf-8') as f:
        stopword_list = [word.strip('\n') for word in f.readlines()]
    return stopword_list
#定义主程序读取并输出停用词
if __name__ == '__main__':
    stopword_file = 'E:/text visualization/stopwords/baidu_stopwords.txt'
    # 获得并打印停用词列表
    stopword_list = get_stopword_list(stopword_file)
    print("百度停用词数量：")
    print(len(stopword_list))
    print("百度停用词为：")
    print(stopword_list)
```

上面的代码构建函数 get_stopword_list()读取停用词表 baidu_stopwords.txt，并输出停用词表的长度信息和具体内容(部分)，结果如下。

```
百度停用词数量：
1396
百度停用词为：
['--', '?', '"', '"', '》', '--', 'able', 'about', 'above', 'according', 'accordingly', 'across', 'actually', 'after',
'afterwards', 'again', 'against', "ain't", 'all', ..... '一', '一下', '一些', '一切', '一则', '一天', '一定', '一方面', '一旦', '一
时', '一来', '一样', '一次', '一片', '一直', '一致', '一般', '一起', '一边', '一面', '万一', '上下', '上升', '上去', '上来',
'上述', '上面', '下列', '下去', '下来', '下面', '不一', '不久', '不仅', '不会', '不但', '不光', '不单', '不变', '不只', '不可',
'不同', '不够', '不如', '不得', '不怕', '不惟', '不成', '不拘', '不敢', '不断', '不是', '不比', '不然', '不特', '不独', '不管',
'不能', '不要', '不论', '不足', '不过', '不问', ..... ']
```

结果显示：该版本的百度停用词表中共有 1396 个停用词，包括标点符号、英文单词、中文字词。需要注意的是，由于停用词数量太大，此处只列出部分内容。

以下代码展示了过滤和删除中文去停用词的方法。

```
#定义分词函数
def clean_stopword(str, stopword_list):
    result = ''
    word_list = jieba.cut(str)      # 分词后返回一个列表
    for w in word_list:
        if w not in stopword_list:
            result += "/"+w
    return result
#定义主程序，去除停用词
if __name__ == '__main__':
    stopword_file = 'E:/text visualization/stopwords/baidu_stopwords.txt'
```

```
stopword_list = get_stopword_list(stopword_file)      # 获得停用词列表
sentence="诸葛亮手中的鹅毛扇有什么来头。"
result=clean_stopword(sentence, stopword_list)
print(result)
```

去停用词前：['诸葛亮', '手中', '的', '鹅毛扇', '有', '什么', '来头', '。']

去停用词后：/诸葛亮/手中/鹅毛扇/来头/。

结果显示：原文中的"的""有""什么""。"四个字词及符号被去除。如果想要修改停用词表中的内容，实现个性化的项目实施，也可以对停用词表进行删减或补充。

2.1.3　词干提取

1. 基本概念

词干提取(stemming)是指从单词的各种前缀/后缀变化、时态变化中还原词干的方法，常用于英文文本处理。以"play"一词为例，对如下句子进行词干提取，结果如图 2.3 所示。plays、played、playing 是 play 的几种时态变形，我们可以从中提取词干 play。

Just play it safe, cover your ass, keep your head down.

He often plays tennis.

He played tennis with his friends yesterday.

He is playing tennis with his friends.

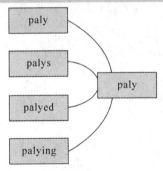

图 2.3　词干提取

词干提取主要通过算法来实现，较常用的词干算法有 Porter、Snowball、Lancaster。Porter 算法是应用最为广泛的、基于后缀剥离的词干提取算法，也叫波特词干提取器(Porter Stemmer)。该算法起源于 20 世纪 80 年代，是基于马丁•波特(Martin Porter)教授开发的算法。它主要关注点是删除单词的共同结尾，以便将它们解析为通用形式，其原始算法拥有 5 个不同的阶段，用于减少变形和提取词干，其中每个阶段都有自己的一套规则。Snowball 词干算法也称为 Porter2 词干算法，是在 Porter 原始算法基础上提出的改进算法。Lancaster 词干算法比较激进，比 Porter 词干算法更具攻击性，有时会将单词处理成一些比较奇怪的词干。

2. 词干提取实践

我们通过 NLTK 库来实现英文单词的词干提取。NLTK 提供了上述的 Porter、Snowball、

Lancaster 三种词干提取算法，下面通过实例来展示这些方法。

第一步：从 NLTK 库的 nltk.stem 模块中引入 Porter、Snowball、Lancaster 三种词干算法对应的词干提取器。

```
import nltk
from nltk.stem.porter import PorterStemmer
from nltk.stem import SnowballStemmer
from nltk.stem import LancasterStemmer
```

第二步：语料定义与分词。

```
sentence="Listen, strange women lying in ponds distributing swords is no basis."
tokens=nltk.word_tokenize(sentence)
```

第三步：分别用三种词干算法从分词后的词汇中提取词干，并将结果保存在 Python 列表 stemming_result 中。

```
stemming_result=[]
#基于 Porter 词干提取算法
porter_stemmer = PorterStemmer()
print("基于 Porter 词干算法：")
for word in tokens:
    stemming_result+=word
    print([porter_stemmer.stem(word)])
#基于 Snowball 词干提取算法
snowball_stemmer=SnowballStemmer('english')
print("基于 Snowball 词干算法：")
for word in tokens:
    print([snowball_stemmer.stem(word)])
#基于 Lancaster 词干提取算法
lancaster_stemmer=nltk.LancasterStemmer()
print("基于 Lancaster 词干算法：")
for word in tokens:
    print([lancaster_stemmer.stem(word)])
```

基于 Porter 词干算法的结果如下：

```
['listen'][','']['strang']['women']['lie']['in']['pond']['distribut']['sword']['is']['no']['basi']['.']
```

基于 Snowball 词干算法的结果如下：

```
['listen'][','']['strang']['women']['lie']['in']['pond']['distribut']['sword']['is']['no']['basi']['.']
```

基于 Lancaster 词干算法的结果如下：

```
['list'][','']['strange']['wom']['lying']['in']['pond']['distribut']['sword']['is']['no']['bas']['.']
```

结果显示：Porter 和 Snowball 两种词干算法的输出结果是一致的，提取了 "lying" 的词干 "lie"，"ponds" 的词干 "pond"，"swords" 的词干 "sword"。但是 Lancaster 词干算法提取的结果较为激进，与 Porter 和 Snowball 两种词干算法存在较大差别，"listen" 提取为 "list"，没能识别 "lying"，"basis" 提取为 "bas"。

2.1.4　词形还原

1. 基本概念

词形还原(lemmatization)是指对同一单词的不同形式进行识别,将单词还原为标准形式,常用于英文文本处理。词形还原的过程与词干提取非常相似,去除词缀以获得单词的基本形式,这种形式称为根词(root word)。与词干不同的是,根词始终存在于词典中,而词干不一定是标准的、正确的单词,也就是不一定存在于词典中。例如,单词"cars"词形还原后的单词为"car",单词"ate"词形还原后的单词为"eat","am""is""are"还原为标准形式"be"。词形还原的结果如图 2.4 所示。

示例文本如下:

Iam a boy.

You are a girl.

This is a book.

图 2.4　词形还原的结果

2. 词形还原实践

在 NLTK 包中有一个强大的词形还原模块,它使用 WordNet、单词的句法和语义来获得根词或词元,为我们提供了稳健的词形还原函数。词形还原的过程比词干提取要慢许多,只有当该词元存在于词典中时,才能通过去除词缀形成根词。示例代码如下:

```
from nltk.stem import WordNetLemmatizer
wnl = WordNetLemmatizer()
# 还原名词
print(wnl.lemmatize('cars', 'n'))
# 还原动词
print(wnl.lemmatize('ate', 'v'))
# 还原形容词
print(wnl.lemmatize('fancier', 'a'))
输出的结果如下:
car
eat
fancy
```

以上代码首先从 nltk.stem 模块中引入 WordNetLemmatizer 词形还原器,并定义词形还原对象 wnl ,然后调用 wnl.lemmatize()函数进行词形还原。Lemmatize()函数需要两个参数,第一个参数为需还原的单词;第二个参数为该单词的词性(如名词、动词、形容词等),返回的结果为该单词的标准形式。该函数使用单词及词性,通过对比 WordNet 语料库,并采用递归技术删除词缀直到词汇网络中找到匹配项，最终获得输入词的基本形式或词元。如果没有找到匹配项，则返回输入词，输入词不作任何变化。在使用词形还原时，指定单词的词性很重要，否则词形还原的效果可能不好。

2.2 数 据 模 型

　　文本是由文字和标点组成的字符串。字或字符组成词、词组或短语，进而形成句子、段落和篇章。在文本数据中，词、词组、句子、段落、章节和文档之间的语义关系通常是隐含的。读者必须通读整个语料库，以获取见解，如小说中的人物关系、新闻报道中的事件因果关系以及研究文章中的主题演变。在文本可视化中，要使计算机能够处理大型语料库的真实文本，就必须找到一种形式化表示方法，这种方法不仅要能够真实地反映文档的内容，而且对不同文档应有较好的区分能力。更重要的是，如何将非结构化的文本数据转换成结构化的数据模型，以便人们理解和认知。数据模型是指对数据特征的抽象，以便形象、直观地揭示事物的本质特征，使人们对事物有一个更加全面、深入的认识。在文本分析中，文本的数据模型实际上是文本特征的抽象表示。在本节中，我们将介绍当前文本可视化技术中常用的数据模型，包括基于词汇的数据模型、基于语义的数据模型以及基于句法的数据模型。同时，我们将结合程序实例展示各种文本数据模型的生成与输出。

2.2.1 基于词汇的数据模型

1. 向量空间模型

1) 基本概念

　　向量空间模型(Vector Space Model，VSM)是由 Salton 等人于 20 世纪 70 年代提出的，并被成功地将其应用于著名的 SMART 文本检索系统。向量空间模型把文本内容的处理简化为向量空间中的向量运算，并且是以空间上的相似度来表达语义的相似度。向量空间模型的关键在于特征项的选取和特征项权重的计算两个部分。权重代表了特征项对于所在文本的重要程度，即该特征项能够多大程度上反映它所在文档的类别。以下是几个与向量空间模型相关的概念说明。

　　(1) 文档或文本。文档(document)或文本(text)通常是文章中具有一定粒度的片段，如句子、句群、段落、段落组直至整篇文章。

　　(2) 特征项。特征项(feature term)是向量空间模型中最小的、不可分别的语言单元，可以是字、词、词组或短语等。一个文档的内容被看成是它含有的特征项所组成的集合，表示为：Document $= D(t_1, t_2, \cdots, t_n)$，其中 t_i 是特征项，$1 \leqslant i \leqslant n$。

　　(3) 特征项权重(term weight)。对于含有 n 个特征项的文档 $D(t_1, t_2, \cdots, t_n)$，每一特征项 t_i 都依据一定的原则被赋予一个权重 w_i，表示它们在文档中的重要程度。这样一个文档 D 可用它含有的特征项及其特征项所对应的权重所表示：$D = D(t_1, w_1; t_2, w_2; \cdots; t_n, w_n)$，

简记为 $D = D(w_1, w_2, \cdots, w_n)$，其中 w_k 就是特征项 t_i 的权重，$1 \leqslant i \leqslant n$。

(4) 向量空间模型：向量空间模型是指给定一个文档 $D = D(t_1, w_1; t_2, w_2; \cdots; t_n, w_n)$，$D$ 符合以下两条约定：① 各个特征项 $t_i(1 \leqslant i \leqslant n)$ 互异(即没有重复)；② 各个特征项 t_i 无先后顺序关系(即不考虑文档的内部结构)。

在以上两条约定下，可以把特征项 $t_1, t_2, \cdots, t_n$ 看成是一个 n 维坐标系；权重 $w_1, w_2, \cdots, w_n$ 为相应的坐标值。因此，一个文本就可以表示为 n 维空间中的一个向量，我们称 $D = D(t_1, w_1; t_2, w_2; \cdots; t_n, w_n)$ 为文本 D 的向量空间模型，如图 2.5 所示。

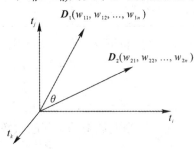

图 2.5　向量空间模型

2) 词袋模型(BOW)

在对文本进行分词、去停用词等预处理后，将文档转化词项的序列，然后定义文本的特征项，最后通过特征权重计算方法将每个文档表示为向量空间的一个向量表示。如果以词作为特征项，此时的特征项可以看成是一个词表，特征项也称为词项。这个词表通常被形象地称为词袋，向量空间模型也被称为词袋模型(Bag-of-Words，BOW)。

假设有以下三个文档及词项序列，如表 2-1 所示。

表 2-1　文档及词项序列

文　档	词　项　序　列
文档 1	图书　阅读　图书
文档 2	阅读　电子书　儿童
文档 3	阅读　小说　网络　电子书

根据表 2-1 的内容，可以构建以下词袋，如表 2-2 所示。由表 2-2 可知，词袋中包含了上述三个文档的所有非重复词项。

表 2-2　三个文档构成的词袋

阅读	图书	儿童	小说	网络	电子书

3) 特征项权重

向量空间模型的特征项权重定义主要包括以下几种。

(1) 布尔权重。布尔(Bool)权重表示特征项是否在当前文本中出现。如果出现，则记为 1；如果不出现，则记为 0，可以用下式表示：

$$B_i = \begin{cases} 1 & \text{特征项} \boldsymbol{t}_i \text{在文本中} \\ 0 & \text{特征项} \boldsymbol{t}_i \text{不在文本中} \end{cases} \qquad (2.1)$$

表 2-1 例子采用布尔权重方法统计三个文档中词出现的情况，得到对应文档的词向量，如表 2-3 所示。

表 2-3　各文档的词向量

分类	阅读	图书	儿童	小说	网络	电子书
文档 1	1	1	0	0	0	0
文档 2	1	0	1	0	0	1
文档 3	1	0	0	1	1	1

(2) 特征频率：特征频率(Term Frequency，TF)表示特征项在文档中出现的次数。TF 权重假设高频特征包含的信息量高于低频特征的信息量，因此在文本中出现次数越多的特征项，其重要性越显著，即

$$\text{TF}_i = N(t_i, d) = \text{特征词 } i \text{ 出现的次数} \tag{2.2}$$

表 2-1 采用特征频率方法来统计三个文档中词出现的次数，得到对应文档的词向量，如表 2-4 所示。

表 2-4　各文档的词向量 TF 值

分类	阅读	图书	儿童	小说	网络	电子书
文档 1	1	2	0	0	0	0
文档 2	1	0	1	0	0	1
文档 3	1	0	0	1	1	1

(3) 逆排文档频率：逆排文档频率(Inverse Document Frequency，IDF)又称反文档频率，是文档频率的倒数。文档频率(Document Frequency，DF)表示文档集合中包含特征项的文档的数量。一个特征项的 DF 越高，其包含的有效信息量往往越低。IDF 是反映特征项在整个文档集合中重要性的统计特征，可以用下式表示：

$$\text{IDF}_i = \log \frac{N}{\text{d}f_i} + 1 \tag{2.3}$$

其中，$\text{d}f_i$ 表示特征项 t_i 的 DF 值，N 是文档集合中的文档总数。如果包含特征项 t_i 的文档越少，IDF 越大，则说明词条具有很好的类别区分能力。由于使用对数，因此如果一个术语出现在所有文档中，其 IDF 值将变为 0。式(2.3)中加上 1 是为了对 IDF 值做平滑处理。

表 2-1 中的 IDF 值计算如下，其结果如表 2-5 所示。以特征项"阅读"的 IDF 值的计算为例，其中 $N = 3$，DF 是出现"阅读"一词的文档数，其值为 3，即：

IDF(阅读) = 1 + log 3/3 = 1

同理，其他特征项的 IDF 值计算如下：

IDF(图书) = 1 + log 3/1 = 1.477

IDF(儿童) = 1 + log 3/1 = 1.477

IDF(电子书) = 1 + log 3/2 = 1.176

IDF(小说) = 1 + log 3/1 = 1.477

IDF(网络) = 1 + log 3/1 = 1.477

表 2-5　各特征项的 IDF 值

阅读	图书	儿童	小说	网络	电子书
1	1.477	1.477	1.477	1.477	1.176

(4) 词频-逆文档频率(TF-IDF)。TF-IDF 定义为 TF 和 IDF 的乘积。即

$$\text{TF-IDF} = \text{TF}_i \cdot \text{IDF}_i \tag{2.4}$$

TF-IDF 的主要思想是：如果某个单词在一篇文章中出现的频率 TF 高，并且在其他文章中很少出现，则认为此词或者短语具有很好的类别区分能力，适合用来分类。

表 2-1 中的 TF-IDF 值计算结果如表 2-6 所示。

表 2-6　各文档词项 TF-IDF 值

分类	阅读	图书	儿童	小说	网络	电子书
文档 1	1 × 1=1	2 × 1.477=2.954	0	0	0	0
文档 2	1 × 1=1	0	1 × 1.477=1.477	0	0	1 × 1.176=1.176
文档 3	1 × 1=1	0	0	1 × 1.477=1.477	1 × 1.477=1.477	1 × 1.176=1.176

4) TF-IDF 实践

以 NLTK 工具包为例，计算单词的 TF、IDF、TF-IDF 值，NLTK 中的 TextCollection 模块用于构建语料库，word_tokenize 用于分词，实现代码如下。

(1) 第一步：分词。

```
#引入 TextCollection 和 word_tokenize 模块
from nltk.text import TextCollection
from nltk.tokenize import word_tokenize
# 定义待处理语料 sents
sents = ['this is sentence one', 'this is sentence two', 'this is sentence three']
# 对每个句子进行分词并输出结果
sents = [word_tokenize(sent) for sent in sents]
print(sents)
```

分词结果如下：

```
[['this', 'is', 'sentence', 'one'], ['this', 'is', 'sentence', 'two'], ['this', 'is', 'sentence', 'three']]
```

(2) 第二步：构建语料库。

```
corpus = TextCollection(sents)
print("语料的长度为：",len(corpus))
print(corpus)
```

构建语料结果如下：

```
语料的长度为：12
语料的内容为：<Text: this is sentence one this is sentence two...>
```

结果显示该语料共包含 12 个词语，每个词都有一个索引号，从 0 至 11。

(3) 第三步：计算机 TF、IDF、TF-IDF 值。

```
# 计算语料库中特征项"one"的 TF 值
```

```
tf = corpus.tf('one', corpus)
print("one 的 tf 值为：",tf)
```

计算结果如下：

"one" 的 TF 值为： 0.08333333333333333

"one" 的 TF 值用分数表示为 1/12，即特征项 "one" 出现在频第占了语料库中所有词项的 1/12。

计算语料库中"one"的 IDF 值为：

```
idf = corpus.idf('one')
print("one 的 idf 值为：",idf)
```

输出结果如下：

one 的 idf 值为： 1.0986122886681098

计算语料库中单词的 TF-IDF 值的代码如下：

```
tf_idf_one = corpus.tf_idf('one', corpus)
tf_idf_this = corpus.tf_idf('this', corpus)
print(tf_idf_one)
print(tf_idf_this)
```

上述代码定义了三个句子(相当于三个文档)，通过分词、构建语料库，使用 corpus.tf、corpus.idf、corpus.tf_idf 等方法计算词项 "one" 和 "this" 的特征权重，输出结果如下：

TF(one)= 0.08333333333333333

IDF(one)= 1.0986122886681098

TF-IDF(one)= 0.0915510240556758

TF-IDF(this)= 0.0

结果显示：单词 "one" 只在第一个句子中出现，而 "this" 在三个句子中都出现，因此 "one" 的 TF-IDF 值要高于 "this"。由此可知：在这个语料中，"one" 的重要程度要高于 "this"。

2. n-gram(n 元语法)

基本的向量空间模型通常以词作为特征项，这种方法丢失了词序信息。n-gram 是以词组(词序列)特征为基本单元的统计语言模型，其本质是一个在单词序列上的概率分布，通过 n-gram 可以捕捉一部分词序信息。

1) 语言模型

语言模型就是用来计算一个句子的概率的模型，也就是判断一句话是否合理的概率。一直以来，如何让计算机理解人类的语言，都是人工智能领域的重要问题。而机器翻译、问答系统、语音识别、分词、输入法、搜索引擎的自动补全等技术也都应用到了语言模型。语言模型的定义如下：

对于词序列 w_1，w_2，$\cdots$，w_n，语言模型就是计算该词序列的概率，即：

$$P(w_1,\ w_2,\ \cdots,\ w_n) \tag{2.5}$$

由于式(2.5)不能直接计算，所以要应用条件概率得到：

$$P(w_1,\ w_2,\ \cdots,\ w_n) = P(w_1) \cdot p(w_2\,|\,w_1) \cdot p(w_3\,|\,w_1,\ w_2)\cdots P(w_n\,|\,w_1,\ w_2,\ \cdots,\ w_{n-1}) \tag{2.6}$$

例如，一个语言模型可能会给出以下三个词序列不同的概率。

$$P(今天\ 是\ 星期天) = 0.001$$
$$P(今天\ 星期天\ 是) = 0.000000001$$

显而易见，上面的第一个句子要比第二个句子更为合理。但是，如果我们列举所有可能出现的词序列，并给出每个序列的概率，模型的评价就会非常复杂。其原因是语言往往具有创造性，即使在互联网中搜索某个完整的语句，也很难找到完全一致的匹配项，因此我们无法获取足够大的语料库来计算一个合适的概率分布。此外，如果用式(2.6)计算概率，对每个词均要考虑它前面的所有词，这在实际中意义不大，同时也不好计算。因此，我们必须做出假设来简化模型。

2) 马尔可夫假设

马尔可夫假设是指每个词出现的概率只跟它前面的少数几个词有关，因此也就不必追溯到最开始的那个词，这样便可以大幅度缩减算式的长度。引入马尔可夫假设的语言模型，也可以叫作马尔可夫模型。例如，二阶马尔可夫假设只考虑前面两个词，相应的语言模型是三元模型。

根据 $n-1$ 阶马尔可夫链的规则，假设当前词出现的概率只依赖于前 $n-1$ 个词，可以得到下式：

$$P(w_1,\ w_2,\ \cdots,\ w_n) = p(w_i \mid w_{i-n+1},\ \cdots w_{i-1}) \tag{2.7}$$

式中，n 表示前 n 个词相关。当 $n=1$、2、3 时，得到相应的一元模型、二元模型、三元模型。

当 $n=1$ 时，一元模型(unigram model)为

$$P(w_1,\ w_2, \cdots,\ w_n) = \prod_{i=1}^{n} p(w_i) \tag{2.8}$$

当 $n=2$ 时，二元模型(bigram model)为

$$P(w_1,\ w_2, \cdots,\ w_n) = \prod_{i=1}^{n} p(w_i \mid w_{i-1}) \tag{2.9}$$

当 $n=3$ 时，三元模型(trigram model)为

$$P(w_1,\ w_2, \cdots,\ w_n) = \prod_{i=1}^{n} p(w_i \mid w_{i-2}, w_{i-1}) \tag{2.10}$$

3) n-gram 特征

以句子"我非常喜欢这部电影"为例，其一元、二元、三元模型如表 2-7 所示。

表 2-7 n-gram 示例

语言模型	我非常喜欢这部电影
一元模型(unigram model)	[我，非常，喜欢，这部，电影]
二元模型(bigram model)	[我非常，非常喜欢，喜欢这部，这部电影]
三元模型(trigram model)	[我非常喜欢，非常喜欢这部，喜欢这部电影]

n-gram 表示法在搜索引擎、文本自动生成、中文分词、词性标注、机器翻译与语音识别等领域得到了广泛应用。n-gram 中，一元模型特征就是词项特征。n-gram 存在的不足有：

(1) 缺乏长期依赖，只能建模到前 $n-1$ 个词。

(2) 随着 n 的增大，参数空间呈指数增长，影响了统计质量，增加了计算开销。

(3) 特征向量变得越来越稀疏，会出现未登录词(Out-of-Vocabulary，OOV)的问题，即在训练时未出现，但测试时出现了的单词。

(4) 单纯地基于统计频次，泛化能力较差。

4) n-gram 实践

NLTK 中通过 ngrams 方法可以生成 n-gram 词序列。代码如下：

```
import nltk
from nltk.util import ngrams
sentence = """Thomas Jefferson began building Monticello at the age of 26."""
tokens = nltk.word_tokenize(sentence)
#输出一元 gram
print(list(ngrams(tokens, 1)))
#输出二元 gram
print(list(ngrams(tokens, 2)))
#输出三元 gram
print(list(ngrams(tokens, 3)))
```

以上代码使用 nltk.util 中的 ngrams 方法生成 n-gram，结果如下：

1-gram: [('Thomas',), ('Jefferson',), ('began',), ('building',), ('Monticello',), ('at',), ('the',), ('age',), ('of',), ('26',), ('.',)]

2-gram: [('Thomas', 'Jefferson'), ('Jefferson', 'began'), ('began', 'building'), ('building', 'Monticello'), ('Monticello', 'at'), ('at', 'the'), ('the', 'age'), ('age', 'of'), ('of', '26'), ('26', '.')]

3-gram: [('Thomas', 'Jefferson', 'began'), ('Jefferson', 'began', 'building'), ('began', 'building', 'Monticello'), ('building', 'Monticello', 'at'), ('Monticello', 'at', 'the'), ('at', 'the', 'age'), ('the', 'age', 'of'), ('age', 'of', '26'), ('of', '26', '.')]

2.2.2　基于语义的数据模型

1. Word2vec

Word2vec 是词向量的一种分布式表示方法，是用来生成词向量的浅层神经网络模型。Word2vec 能够解决 one-hot 方法的高维稀疏、不能表示词语之间的相似性等问题。它通过分布式假设，直接学习词的词向量，即假设两个词的上下文是相似的，则认为它们的语义也是相似的。

Word2vec 分为连续词袋(Continuous Bag-of-Words，CBOW)模型和跳字(Skip-gram)模型，CBOW 模型根据上下文单词预测中心词，Skip-gram 模型根据中心词预测上下文单词。这两种模型都是单层神经网络，由一层输入层(INPUT)、一层隐藏层(PROJECTION)和一层输出层(OUTPUT)构成，如图 2.6 所示。

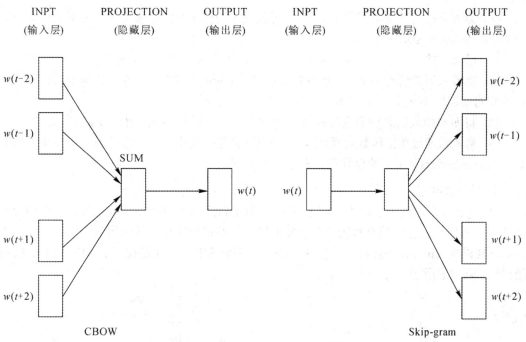

图 2.6　CBOW 和 Skip-gram 结构

1) CBOW

CBOW 是通过上下文单词对中心词的词向量进行预测的一种方法，需设置窗口大小(window_size)来决定与多大邻域内的单词是相关的。换句话说，中心词与窗口大小范围内的词共同组成了训练样本，将训练样本输入到 CBOW 模型进行训练，可以得到相应的词向量。CBOW 模型结构如图 2.7 所示。

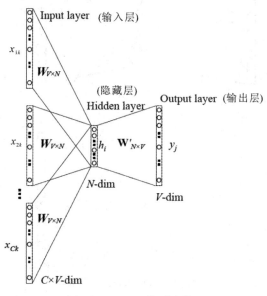

图 2.7　CBOW 模型结构

CBOW 模型的训练步骤如下：

(1) 输入层：上下文单词的 one-hot。可假设单词向量空间维度为 V，上下文单词个数为 C，即 window_size=C。

(2) 隐藏层的输入权重矩阵为 $W_{V \times N}$。其中，N 为隐藏层神经元的个数。

(3) 将输入层的所有 one-hot 分别乘以共享权重矩阵为 $W_{V \times N}$，并作累加平均计算，可以得到隐藏层的 h_i 大小为 $(1，N)$。

(4) 将 h_i 与隐藏层到输出层的权重矩阵 $W^1_{V \times N}$ 相乘得到大小为 $(1，V)$ 的向量。

(5) 将向量通过激活函数处理成 V 维的概率分布。其中，每一维代表一个单词，概率最大的编号(index)所指示的单词为预测出的中心词。

2) Skip-gram

Skip-gram 是通过中心词来预测上下文单词的方法。更准确地说，我们使用每个当前单词作为具有连续投影层的对数线性分类器的输入，并在当前单词前后预测一定范围内的单词。需要设置 window_size 的大小来决定与多大邻域内的上下文是相关的。Skip-gram 的训练过程如图 2.8 所示。

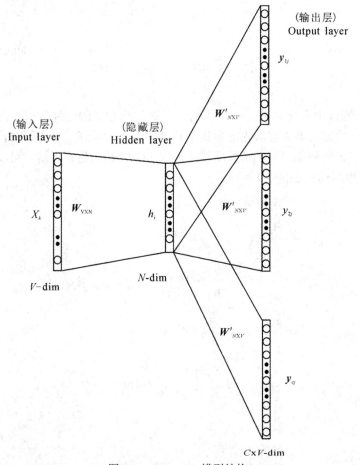

图 2.8　Skip-gram 模型结构

Skip-gram 模型的训练步骤如下：

(1) 输入层：中心词的 one-hot。可假设单词向量空间维度为 V，上下文单词个数为 C，即 window_size $= C$。

(2) 隐藏层的输入共享权重矩阵为 $W_{V \times N}$。其中，N 为隐藏层神经元的个数。

(3) 将输入层的所有 one-hot 分别乘以共享权重矩阵为 $W_{V \times N}$，并作累加平均计算，可以得到隐藏层的 h_i 大小为 $(1，N)$。

(4) 将 h_i 与隐藏层到输出层的权重矩阵 $W_{V \times N}^1$ 相乘得到大小为 $(1，V)$ 的向量。

(5) 将向量通过激活函数处理成 V 维的概率分布。其中，每一维代表一个单词，概率最大的编号(index)所指示的单词为预测出的上下文单词。

3) 基于 Gensim 的 Word2vec 实现

Gensim(generate similarity)是一个简单高效的自然语言处理 Python 库，本小节介绍通过 Gensim 来实现 Word2vec 的方式。在 Gensim 中，Word2vec 模型的期望输入是进行分词的句子列表，即某个二维数组。以 CBOW 和 Skip-gram 两种方法作为参数进行选择，下面说明其实现步骤。

(1) 语料准备。

本节以用户对"网课"的评论来构建语料库。在微博中以"网课"为关键词进行检索，并通过爬虫工具获取 2019 年的部分评论文本共计 13 867 条，将结果保存为 txt 文本格式，数据量为 4.85MB。

首先，对语料进行分词、去停用词等预处理，实现代码如下。

```
#引入 jieba 分词工具
import jieba
import jieba.analyse
import codecs
#分词函数定义
def cut_words(sentence):
    return " ".join(jieba.cut(sentence)).encode('utf-8')
#打开原始语料
f=codecs.open('./data/2019.txt','r',encoding="utf8")
#分好词的文本存储的地址
target = codecs.open("./data/2019_train.txt", 'w',encoding="utf8")
#去停用词函数定义，获得停用词列表
def get_stopword_list(file):
    with open(file, 'r', encoding='utf-8') as f:
        stopword_list = [word.strip('\n') for word in f.readlines()]
    return stopword_list
stopword_file = 'E:/text visualization/stopwords/baidu_stopwords.txt'
stopword_list = get_stopword_list(stopword_file)
#定义主函数
if __name__ == '__main__':
#当前正在处理的是第几条评论(一行一条评论)
```

```
line_num=1
line = f.readline()
temp_line=''
#开始逐行读取文本，总共有 13867 条评论，即 13867 行
while line:
    if(line_num%1000   == 1):
        # 每隔 1000 条文本就打印一下进度
        print('---- processing', line_num, 'article----------------')
    line_seg = " ".join(jieba.cut(line)).split()
    for w in line_seg:
        if w not in stopword_list:
            temp_line+=w+" "
    #写入到目标文件中
    target.writelines(temp_line+'\n' )
    line_num = line_num + 1
    line = f.readline()
    temp_line = ''
print('处理结束')
```

以上代码对原始语料进行分词和去停用词等预处理后，将结果保存在 txt 文本文件中，每一行为一条评论，表 2-8 列出其中的 10 条评论。

表 2-8   微博评论文本(部分)

序号	评 论 文 本
1	半小时 网课 终于 看 完 头疼 眼睛 疼 收拾 收拾 去 洗澡
2	心累 网课 讲题 趴着睡 还 流口水
3	没网 跑 去 图书馆 蹭 网 刷课
4	学期 挂科 超星 尔雅 昨天晚上 到期 网课 想起 课后练习 没 做 考试 资格
5	好不容易 没课 学校 这破网 视频 加载
6	网课 考试 一两秒 点 提交 显示 未 提交 成绩 没 显示 系统 自动 提交 为啥 这么久 还 不出 成绩
7	六月 伊始 图书馆 泡 一整天 网课 完结
8	只想 看 电影 不想 看 网课 昨天
9	有人 一脸 严肃 图文 看 视频 看 网课 实际上 看 吃播
10	电视剧 一看 完画 一画 完 小说 读完 无所事事 一拍 脑袋 网课 还 没 听

(2) Word2vec 模型训练。实现代码如下：

```
#引入 LineSentence
from gensim.models.Word2vec import LineSentence
# 引入 Word2vec 和日志
import gensim, logging
logging.basicConfig(format='%(asctime)s : %(levelname)s : %(message)s', level=logging.INFO)
```

```
# 模型构建
model = gensim.models.Word2Vec(LineSentence('./data/2019_train.txt'),sg=1,hs=1,min_count= 3, iter=3,
size=100,window=5)
```

主要参数说明如下：

① sentences：是供训练的句子，通过 LineSentence 构建 Word2vec 语料库。此例中使用 LineSentence 方法读取语料 2019_train.txt，类似的方法还有 BrownCorpus、Text8Corpus 等。

② sg：取值为 0 或 1。用于选择 Word2vec 的两个模型，如果是 0，则为 CBOW 模型；如果是 1，则为 Skip-Gram 模型，默认值为 0。

③ hs: 取值为 1 或 0。如果是 1，采用分层 softmax(hierarchical softmax)训练模型；如果是 0，则使用负采样。默认值为 0。

④ min_count：可以对字典作截断处理。词频少于 min_count 次数的单词会被丢弃掉，默认值为 5。

⑤ iter：迭代次数，默认值为 5。

⑥ size：是指输出的词的向量维数，默认值为 100。较大的 size 需要更多的训练数据，但是效果会更好。

⑦ window：一个句子中中心词和被预测单词的最大距离，默认值为 5。

(3) 模型预测。

Word2vec 最著名的效果是以语义化的方式推断出相似词汇。例如，检索与给定词最相似的词，实现代码如下：

```
model.most_similar('网课')
[('刷', 0.6458688974380493), ('打不开', 0.6011363863945007), ('讲义', 0.5903357267379761), ('听',
0.5825027823448181), ('回放', 0.5717443227767944), ('一半', 0.5694748759269714), ('看不完', 0.5631121397018433),
('BPP', 0.5625101923942566), ('晨阳', 0.5573623776435852), ('考试', 0.5556306838989258)]
```

由此可以看到，与"网课"相似的词有"刷""打不开""讲义""听""回放""看不完""考试"等。

也可以用于计算两个词的相似性，例如：

```
model.similarity('线上', '网课')
0.22871585
```

也即"线上"和"网课"两个词的相似度为 0.22871585。

还能用于找出不是一组的词，例如：

```
model.doesnt_match(['网课', '看不完', '讲义', '电视剧'])
"电视剧"
```

该代码段从"网课""看不完""讲义""电视剧"四个词中，找出不是一组的词为"电视剧"。需要指出的是，以上相似性结果取决于训练的语料库及模型的参数设置，不同的模型配置会得到不同的结果。

2. GloVe

CBOW 和 skip-gram 虽然可以较好地进行词汇之间的类比，但这两种方法是基于局部的上下文窗口的方法。因此，其对于信息的统计具有很大的局限性，如何能够利用更多的信息是非常重要的问题。为了克服全局矩阵分解方法和局部上下文窗口方法中的不足和问题，Jeffrey Pennington 等人于 2014 年提出了一种新的 GloVe 方法，该方法能够统计基于全局词汇共现的信息，从而更高效准确地来学习词向量。

1) 共现矩阵

单词 i 出现在单词 j 的环境中叫作共现，单词对共现次数的统计表叫作共现矩阵。共现矩阵的生成步骤如下：

(1) 构建一个大小为 $V \times V$ 空矩阵，该矩阵中每一项全标记为 0。矩阵中的元素坐标记为 (i, j)。

(2) 确定一个一定大小的滑动窗口(如 m)。

(3) 从语料库的第一个单词开始滑动窗口，每次的步长为 1。因为滑动顺序按照语料库顺序，所以中心词即为到达的单词 i。

(4) 上下文环境是指在滑动窗口中出现，并在中心词 i 两边的 $2m-1$ 个单词。

(5) 在窗口内，统计上下文环境中单词 j 出现的次数，并将该值累计到 (i, j) 位置上。

(6) 按顺序往下滑动窗口，对结果进行统计，即可得到需要的共现矩阵。

例如，有以下语料库{ "I like apple" "I like orange" "I eat an apple" }，我们以窗半径为 1 来制定上下文环境，示例语料库共现矩阵如表 2-9 所示。

表 2-9　示例语料库共现矩阵

语料	I	like	apple	orange	eat	an
I	0	2	0	0	1	0
like	2	0	1	1	0	0
apple	0	1	0	0	0	1
orange	0	1	0	0	0	0
eat	1	0	0	0	0	1
an	0	0	1	0	1	0

2) GloVe 模型定义

我们定义 X 为共现矩阵，其中元素 X_{ik} 为 k 出现在 i 环境的次数，令任意词出现在 i 的环境的次数(即共现矩阵)如下式所示：

$$X_{ij} = \sum_k X_{ik} \tag{2.11}$$

那么，词 j 出现在词 i 环境中的概率如下式所示：

$$P_{ij} = P(j \mid i) = \frac{X_{ij}}{X_i} \tag{2.12}$$

这就是词 i 和词 j 的共现概率。研究发现某词项在不同环境中的共现概率比值在一定程度上可以反映词汇之间的相关性，当相关性低时，共现概率的值应该在 1 附近；当相关性高时，该值偏离 1 较远。

基于上述思想，作者提出了这样一种猜想，即通过训练词向量，使得词向量经过某种函数计算之后可以得到上面的比值，具体如下式所示：

$$F\left(w_i, \ w_j, \ w_k = \frac{P_{ik}}{P_{jk}}\right) \tag{2.13}$$

其中，w_i、w_j、$\tilde{w}_k$，为词汇 i、j、k 对应的词向量，其维度都为 d，P_{ik}、P_{jk} 可以直接通过语料计算得到，这里 F 为一个未知函数。由于词向量都是在一个线性向量空间，因此，可以对 w_i、w_j 进行差分，将式(2.13)转变为

$$F\left(w_i - w_j, \ \tilde{w}_k\right) = \frac{P_{ik}}{P_{jk}} \tag{2.14}$$

式(2.14)中左侧括号中是两个维度为 d 的词向量，但是等号右侧是一个标量，很容易会想到向量的内积，因此，式(2.13)可以进一步变为

$$F\left(w_i - w_j^T \tilde{w}_k\right) = F\left(w_i^T w_k - w_j^T w_k\right) = \frac{P_{ik}}{P_{jk}} \tag{2.15}$$

由于式(2.15)中左侧是减法运算，而右侧是除法运算，很容易联想到指数运算，因此，可以把 F 限定为指数函数，此时有：

$$\exp\left(w_i^T w_k - w_j^T w_k\right) = \frac{\exp(w_i^T w_k)}{\exp(w_j^T w_k)} = \frac{P_{ik}}{P_{jk}} \tag{2.16}$$

此时，只要确保等式两边分子分母相等即可，如下式所示：

$$\exp\left(w_i^T w_k\right) = P_{ik}, \exp\left(w_i^T w_k\right) = P_{jk} \tag{2.17}$$

由于式(2.17)的左侧 $w_i^T w_k$ 中，调换 i 和 k 的值不会改变其结果，即具有对称性，因此，为了确保等式右侧也具备对称性，引入了两个偏置项，如下式所示：

$$w_i^T w_k = \log\left(\frac{X_{ik}}{X_i}\right) = \log X_{ik} - \log X_i \tag{2.18}$$

此时，$\log X_i$ 已经包含在 b_i 当中。此时模型就只需要使式(2.18)两边的差值尽可能小，通过计算两者之间的平方差作为目标函数，如下式所示：

$$J = \sum_{i,k=1}^{V} (w_i^T \tilde{w}_k + b_i + b_k - \log X_{ik})^2 \tag{2.19}$$

为了不使所有共现词汇的权重一样，对式(2.19)的目标函数进行了一些修改来改变他们的权重，如下式所示：

$$J = \sum_{i,k=1}^{V} f(X_{ik})(w_i^T \tilde{w}_k + b_i + b_k - \log X_{ik})^2 \tag{2.20}$$

为了满足上述条件，权重函数 f 需要：

(1) 当词汇的共现次数等于 0 时，其值也应当为 0，即 $f(0) = 0$。

(2) 当词汇的共现次数增大时，其值也应当增大或保持不变，即权重函数 f 为非减函数。

(3) 对于频繁出现的词，$f(x)$ 应该能给予他们一个相对小的数值，这样才不会出现过度加权。

综合以上三点特性，作者提出了如下式所示的权重函数：

$$f(x) = \begin{cases} \left(\dfrac{x}{x_{max}}\right)\alpha & x < x_{max} \\ 1 & \text{其他情况} \end{cases} \tag{2.21}$$

根据上述方法构建的 GloVe 模型既包含了上下文信息，又包含了全局共现信息。由于该方法不会去计算共现次数为 0 的词汇，相比全局矩阵分解方法，在很大程度上减少计算量和数据存储空间。

3. 主题模型

向量空间模型将文本表示为词项及词项对应的权重，这种方法虽然指明了文档或语料库的关键点，但破坏了文本的词序信息和语法结构，无法深入挖掘文本的隐式语义关系。主题模型是专门设计从包含各种类型文档的大型语料库中，提取各种不同概念或主题的统计模型，其中每个文档涉及一个或多个主题。这些概念可以是从思想到意见、事实、展望、陈述等。主题建模的主要目的是使用数学和统计技术发现语料库中隐藏和潜在的语义结构。

主题建模是从文档词项中提取特征，使用矩阵分解或奇异值分解(SVD)等数学结构和框架生成由彼此不同的词簇或词组，并且通过这些词簇形成主题或概念。主题建模有各种框架和算法，下面重点介绍在文本主题可视化中常用的三种方法。

1) 潜在语义分析

潜在语义分析(Latent Semantic Analysis，LSA)，也被称为(Latent Semantic Index，LSI)，是 Scott Deerwester 和 Susan T. Dumais 等人在 1990 年提出来的一种新的索引和检索方法。LSA 的基本思想就是把高维的文档降到低维空间，那个空间被称为潜在语义空间。该方法和传统向量空间模型(vector space model)一样，使用向量来表示词(terms)和文档(documents)，并通过向量间的关系(如夹角)来判断词和文档间的关系。不同的是，LSA 将词和文档映射到潜在语义空间，从而去除了原始向量空间中的一些"噪音"，也就是无关信息，提高了信息检索的精确度。

LSA 的目的是从文本中发现隐含的语义维度，即"概念"或者"主题"，也就是潜在语义。例如，对一个大型的文档集合使用一个合理的维度建模，并将词和文档都表示到该空间，若有 1000 个文档，包含 4000 个索引词，LSA 使用一个维度为 100 的向量空间将词和文档表示到该空间，并在该空间进行信息检索。将文档表示到该空间的过程就是奇异值分解(SVD)和降维的过程。降维是 LSA 分析中最重要的一步，通过降维过程，去除了文档中的"噪音"，也就是无关信息，语义结构逐渐呈现。相比传统向量空间，潜在语义空间的维度更小，语义关系更明确。

现在尝试利用 gensim 实现 LSA，并从语料库中提取主题。该方法包括语料准备、文本预处理、构建词典、生成文档词袋向量、计算 TF-IDF 特征、提取主题几个环节。

我们将使用一个小型语料库测试主题模型的提取，共包含 16 个句子，其中一个句子相当于一个文档。

```
raw_corpus = [
'0 狐狸跳到狗的身上',
'1 狐狸是非常聪明和灵活的动物',
'2 狗又懒又慢',
'3 猪好吃懒做',
'4 猫比狗和狐狸都聪明',
'5 足球是最受世界人民喜爱的运动',
'6 NBA 是世界上水平最高的篮球联赛',
'7 费德勒是著名网球运动员',
'8 中国的乒乓球水平很高',
'9 我很喜欢打网球',
'10 越来越多的人参加运动了',
'11 Python 是最优秀的程序语言',
'12 Java 和 ruby 是其他程序语言',
'13 Python 和 Java 是最通用的编程语言',
'14 HTML 是网页设计语言',
'15 Python 可以用于网页开发'
]
```

首先，需要对语料进行预处理，包括 jieba 分词、去停用词等，得到 Python 列表作为后续处理的数据。预处理后保存在列表中，每一个文档为一个列表元素，结果如下。

```
[['狐狸', '跳到', '狗', '身上'],
['狐狸', '聪明', '灵活', '动物'],
['狗', '懒', '慢'],
['猪', '好吃懒做'],
['猫', '狗', '狐狸', '聪明'],
['足球', '最受', '世界', '人民', '喜爱', '运动'],
['NBA', '世界', '上', '水平', '篮球联赛'],
…,
['Python', '用于', '网页', '开发']]
```

接下来建立一个词典，gensim 使用词典将每一个词映射到一个数值。构建完成后，将语料库转换一个词袋向量，其中每个文档的每个词及其频率由元组(词，频率)来表示，代码如下所示。

```
from gensim import corpora,models
#构建词典，tokenized_corpus 为分词和去停用词后的语料
dictionary = corpora.Dictionary(tokenized_corpus)
print(dictionary)
```

输出结果如下：

```
Dictionary(48 unique tokens: ['狐狸', '狗', '跳到', '身上', '动物']...)
```

结果显示：该语料库通过预处理后共有 48 个独立的词汇，如果想了解词典中每个词汇及 id 编号，可以通过以下代码查看。

```
print(dictionary.token2id)
{'狐狸': 0, '狗': 1, '跳到': 2, '身上': 3, '动物': 4, '灵活': 5, '聪明': 6, '慢': 7, '懒': 8, '好吃懒做': 9, '猪': 10, '猫':
11, '世界': 12, '人民': 13, '喜爱': 14, '最受': 15, '足球': 16, '运动': 17, 'NBA': 18, '上': 19, '水平': 20, '篮球联赛':
21, '网球': 22, '著名': 23, '费德勒': 24, '运动员': 25, '中国': 26, '乒乓球': 27, '高': 28, '喜欢': 29, '打网球': 30, '人':
31, '参加': 32, '越来越': 33, 'Python': 34, '优秀': 35, '程序语言': 36, 'Java': 37, 'ruby': 38, 'Java': 39, '编程语言':
40, '通用': 41, 'HTML': 42, '网页': 43, '设计': 44, '语言': 45, '开发': 46, '用于': 47}
# 转换为文档词袋向量
corpus = [dictionary.doc2bow(text) for text in tokenized_corpus]
print(corpus)
```

输出结果如下：

```
[[(0, 1), (1, 1), (2, 1), (3, 1)],
 [(0, 1), (4, 1), (5, 1), (6, 1)],
 [(1, 1), (7, 1), (8, 1)],
 [(9, 1), (10, 1)],
 [(0, 1), (1, 1), (6, 1), (11, 1)],
 …,
 [(34, 1), (43, 1), (46, 1), (47, 1)]]
```

其中，(10,1)表示 id 号为"9"的词汇"好吃懒做"在第 4 条评论中出现了 1 次。

现在对这个语料库建立一个 TF-IDF 模型，其中每条评论中的每个词将包含其 TF-IDF 权重。这类似于特征权重提取，其中每条评论由其词的 TF-IDF 特征向量表示。代码如下：

```
#构建 TF-IDF 特征向量
tfidf = models.TfidfModel(corpus)
corpus_tfidf = tfidf[corpus]
print(corpus_tfidf[0])
[(0,    0.36547534107264695),    (1,    0.36547534107264695),    (2,    0.6053327804338969),    (3,
0.6053327804338969)]
```

以上代码建立每条评论的 TF-IDF 特征向量，并以词汇及特征权重表示。现在 TF-IDF 特征向量表示的基础上构建一个 LSA 模型，并设置想要生成的主题数量，此处将主题数设定为 3。

```
total_topics = 3
lsi = models.LsiModel(corpus_tfidf, id2word=dictionary, num_topics=total_topics)
for index, topic in lsi.print_topics(total_topics,num_words=10):
    print("topic #" + str(index + 1))
    print(topic)
```

输出的结果如下：

```
Topic #1
```

-0.489*"狐狸" + -0.440*"狗" + -0.427*"聪明" + -0.335*"猫" + -0.242*"跳到" + -0.242*"身上" +
-0.233*"动物" + -0.233*"灵活" + -0.152*"懒" + -0.152*"慢"

Topic #2

0.485*"Python" + 0.458*"程序语言" + 0.385*"优秀" + 0.254*"网页" + 0.238*"用于" + 0.238*"开发" +
0.225*"ruby" + 0.225*"Java" + 0.180*"编程语言" + 0.180*"通用"

Topic #3

-0.377*"世界" + -0.358*"水平" + -0.297*"运动" + -0.275*"NBA" + -0.275*"上" + -0.275*"篮球联赛" +
-0.227*"人民" + -0.227*"喜爱" + -0.227*"足球" + -0.227*"最受"

现在来看一下这些结果。

(1) 在不考虑权重的情况下，第一个主题是和动物相关的词；第二个主题是和编程语言相关；第三个主题是和运动相关，这体现了小语料库的三个主要主题。

(2) 对主题有贡献的词都有较高的权重和相同的符号("+"或"−")，符号主要是表明主题的方向，主题内部相似的关联词具有相同的符号或方向。第一个主题和第三个主题有负权重相关的词汇，第二个主题有正权重相关的词汇。

2) 潜在 Dirichlet 分布

潜在 Dirichlet 分布(Latent Dirichlet Allocation，LDA)是由 Blei 等人于 2003 年在概率 LSA 的基础上，通过研究隐含语义分析提出的一种概率生成模型。该模型为非监督的机器聚类算法，包含文档-主题-词三层结构，即三层贝叶斯概率模型。LDA 模型可以用图 2.9 进行表示。LDA 模型的主要参数如表 2-10 所示。

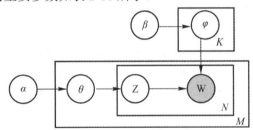

图 2.9   LDA 概率图模型

表 2-10   LDA 模型的主要参数

符　　号	含　　义
K	主题数量
N	文档中的单词数量
M	文档数量
α	$\theta(i)$的 Dirichlet 先验分布超参数
β	$\varphi(k)$每个主题词先验分布超参数
$\theta(i)$	第 i 个文档的主题分布参数
$\varphi(k)$	第 k 个主题的词项分布参数
$Z(i, j)$	$W(i, j)$的主题分配
$W(i, j)$	第 i 个文档的第 j 个词
Z	文档集对应的主题序列
w	文档集对应的词项序列

LDA 从文档中抽取主题过程如下：

(1) 初始化必要的参数。

(2) 对于每个文档，随机将每个单词初始化为 K 个主题之一。

(3) 开始如下的迭代过程，重复执行。

(4) 对于每个文档 D。

① 对于文档中的每个词 W。

② 对于每个主题 T：

- 计算 $P(T|D)$，其是 D 中分配给主题 T 的词的比例；

- 计算 $P(W|D)$，其是对于含有词 W 的所有文档分配给主题 T 的比例；

- 考虑所有其他单词及其主题分配，用主题 T 和概率 $P(T|D)* P(W|D)$ 重新分配词 W。

经过多次迭代以后，为每个文档提供主题分配，并从指向该主题的词中生成题的词项。

现在用 gensim 来构建基于 LDA 的主题模型。在本例中，仍以 LSA 实例中的小型语料库作为分析对象，经过预处理得到待提取的语料，接下来通过构建词典、生成词袋向量、构建 TF-IDF 特征向量，并将主题数量设置为 3 个，提取主题。代码如下：

```
from gensim import corpora,models
#构建词典，tokenized_corpus 为分词和去停用词后的语料
dictionary = corpora.Dictionary(tokenized_corpus)
# 转换为文档词袋向量
corpus = [dictionary.doc2bow(text) for text in tokenized_corpus]
#构建 TF-IDF 特征向量
tfidf = models.TfidfModel(corpus)
corpus_tfidf = tfidf[corpus]
total_topics = 3
lda=models.LdaModel(corpus_tfidf,id2word=dictionary,iterations=1000,num_topics=total_topics)
for index, topic in lda.print_topics(total_topics,num_words=10):
    print("Topic #" + str(index + 1))
    print(topic)
```

提取的 3 个主题结果如下：

Topic #1

0.039*"喜欢" + 0.039*"打网球" + 0.038*"懒" + 0.038*"慢" + 0.034*"著名" + 0.034*"运动员" + 0.034*"费德勒" + 0.033*"篮球联赛" + 0.033*"网球" + 0.033*"NBA"

Topic #2

0.041*"Python" + 0.038*"优秀" + 0.038*"猪" + 0.037*"好吃懒做" + 0.035*"身上" + 0.035*"跳到" + 0.034*"用于" + 0.033*"开发" + 0.032*"程序语言" + 0.030*"足球"

Topic #3

0.041*"聪明" + 0.036*"狐狸" + 0.032*"猫" + 0.031*"ruby" + 0.030*"Java" + 0.030*"灵活" + 0.029*"动物" + 0.029*"通用" + 0.029*"Java" + 0.028*"人"

结果显示：提取的主题效果并不理想。除了第一个主题体现了运动的概念之外，第二、第三个主题的关键词都出现了相关性较低的词语。例如，第二个主题表示 Python 等编程语

言，但出现了"猪""好吃懒做""足球"等无关词汇；第三个主题体现的是动物，但出现了"ruby""Java"等相关性较低的词语。实际上，LDA 模型对于大型语料库及长句会有更好的效果。

3) 非负矩阵分解

非负矩阵分解(Non-negative Matrix Factorization，NMF 或 NNMF)是一种将非负矩阵分解、降维为非负因子的无监督方法，被广泛应用于图像处理、文本语料潜在主题的抽取等领域。NMF 可以定义为：对于任意给定的一个非负矩阵 V，其能够寻找到一个非负矩阵 W 和一个非负矩阵 H，满足条件 $V = W \times H$，从而将一个非负的矩阵分解为左右两个非负矩阵的乘积。其中，V 矩阵中每一列代表一个观测(observation)，每一行代表一个特征(feature)；W 矩阵称为基矩阵，H 矩阵称为系数矩阵或权重矩阵。这时用系数矩阵 H 代替原始矩阵，就可以实现对原始矩阵进行降维，得到数据特征的降维矩阵，从而减少存储空间，NMF 结构图如图 2.10 所示。

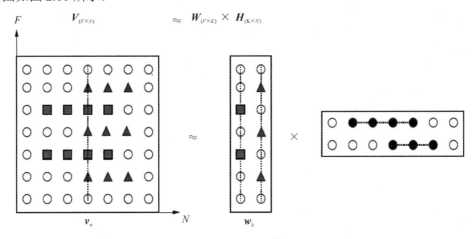

图 2.10　NMF 结构图

现在我们使用 sklearn 封装的 NMF 函数来实现该目的。例子中加载了 IRIS 数据集(也称鸢尾花卉数据集)，并通过 NMF 函数进行降维处理，代码如下。

```
from sklearn.decomposition import NMF
from sklearn.datasets import load_iris
#加载 IRIS 数据集
X, _ = load_iris(True)
#构建模型
nmf = NMF(n_components=2,
          init=None,
          solver='cd',
          beta_loss='frobenius',
          tol=1e-4,
          max_iter=200,
          random_state=None,
```

```
                  alpha=0,
                  l1_ratio=0,
                  verbose=0,
                  shuffle=False
                  )
# 获取构造函数参数的值
print('params:', nmf.get_params())
# 核心函数
nmf.fit(X)
W = nmf.transform(X)
nmf.inverse_transform(W)
# 定义与输出 H 矩阵
H = nmf.components
print('reconstruction_err_', nmf.reconstruction_err_)
print('n_iter_', nmf.n_iter_)
print(H)
[[5.7528193    2.31736196 5.26603216 1.88949154]
 [3.38130621 2.44971744 0.63732832 0.           ]]
```

以上代码首先加载了 IRIS 数据集，接下来构建了 NMF 模型。模型中的参数 n_components 是降维后特征维度数目。init 为 *WH* 的初始化方法，可选择{'random', 'nndsvd', 'nndsvda', 'nndsvdar', 'custom'}之一，默认为 None，即自动选择初值的算法。random 为非负随机矩阵，采用按比例缩放的方法；nndsvd 为非负双奇异值分解，具有更好的稀疏性；nndsvda 用零填充了 *X* 的平均值，对于不希望稀疏时有更好的效果，nndsvdar 为零填充小随机值；custom 为使用自定义矩阵 *W* 和 *H*。solver 可选 {'cd','mu'}，默认为 cd 坐标轴下降法，mu 是乘性更新算法。beta_loss 可选 {'frobenius', 'kullback-leibler', 'itakura-saito'}之一，默认为 frobenius，其用于衡量 *V* 与 *WH* 之间的损失值。tol 为停止迭代的极限条件，max_iter 为最大迭代次数。

核心函数 fit()用于求得训练集 *X* 的均值、方差、最大值、最小值等训练集 *X* 固有的属性， transform()在 fit()的基础上，进行标准化、降维、归一化等操作。经过调用这些函数最终输出了降维后的系数矩阵 *H*，*H* 是一个具有二个特征的非负矩阵，其每个特征由四个权重系数组成。

4. 命名实体识别

命名实体识别(Named Entity Recognition，NER)是指识别文本中具有特定意义的实体。这些实体特指代表真实世界的对象的词汇，主要包括人名、地名、机构名、专有名词等。NER 是信息提取、问答系统、句法分析、机器翻译等应用领域的重要基础工具，在自然语言处理技术走向实用化的进程中占有重要地位。一般来说，命名实体识别的任务就是识别出待处理文本中的人名、机构名、地名、时间、日期、货币和百分比等命名实体。NITK 中对命名实体的分类如表 2-11 所示。

表 2-11　NITK 命名实体的分类

NE 类型	例　　子
人物(PERSON)	Eddy Bonte, President Obama
组织(ORGANIZATION)	Georgia-Pacific Corp., WHO
地点(LOCATION)	Germany, India, USA, Mt. Everest
日期(DATE)	December, 2016-12-25
时间(TIME)	12:30:00 AM, one thirty pm
货币(MONEY)	Twenty dollars, Rs.50, 100 GBP
百分比(PERCENT)	|20%, forty five percent
设施(FACILITY)	Stonehenge, Taj Mahal, Washington Monument
地缘政治实体(GPE)	Asia, Europe, Germany, North America

表 2-11 中，GPE 和 LOCATION 两种类型相似，但 GPE 更为实用，代表地缘政治方面的实体，如城市、国家、州等。LOCATION 也可以指这些实体，以及非常具体的位置，如山、河、小镇等。FACILITY 主要是指人造的纪念碑或文物，如人民英雄纪念碑，毛公鼎等。

国际足球联合会(简称国际足联，FIFA)，是由比利时、法国、丹麦、瑞典、荷兰、瑞士和西班牙倡议的，于 1904 年 5 月 21 日在法国巴黎成立，现有会员 211 个，是国际单项体育联合会总会成员。现以 FIFA 的英文简介为例，尝试使用 NLTK 提取其命名实体，实现代码如下。

```
import nltk
import pandas as pd
text = """
FIFA was founded in 1904 to oversee international competition among the national associations of Belgium,
Denmark, France, Germany, the Netherlands, Spain, Sweden, and Switzerland. Headquartered in Zürich, its
membership now comprises 211 national associations. Member countries must each also be members of one of
the six regional confederations into which the world is divided: Africa, Asia, Europe, North & Central America
and the Caribbean, Oceania, and South America."""
# 分句
sentences = nltk.sent_tokenize(text)
# 分词
tokenized_sentences = [nltk.word_tokenize(sentence) for sentence in sentences]
# 标注
tagged_sentences = [nltk.pos_tag(sentence) for sentence in tokenized_sentences]
# 命名实体识别
ne_chunked_sents = [nltk.ne_chunk(tagged) for tagged in tagged_sentences]
named_entities = []
for ne_taged_sentence in ne_chunked_sents:
    for tagged_tree in ne_taged_sentence:
        if hasattr(tagged_tree, 'label'):
```

```
        name = tagged_tree[0][0]
        type = tagged_tree.label()
        named_entities.append((name,type))
entity_frame = pd.DataFrame(named_entities, columns=['Entity Name', 'Entity Type'])
print(entity_frame)
```

提取结果如表 2-12 所示。

表 2-12 NLTK 命名实体识别

序号	Entity Name	Entity Type	序号	Entity Name	Entity Type
0	FIFA	ORGANIZATION	9	Zürich	GPE
1	Belgium	GPE	10	Africa	PERSON
2	Denmark	GPE	11	Asia	GPE
3	France	GPE	12	Europe	GPE
4	Germany	GPE	13	North	GPE
5	Netherlands	GPE	14	Central	ORGANIZATION
6	Spain	GPE	15	Caribbean	LOCATION
7	Sweden	GPE	16	Oceania	GPE
8	Switzerland	GPE	17	South	GPE

结果显示：命名实体识别器从文本中识别出命名实体，并标注出类型。如 FIFA 为组织，Belgium、Denmark、South、Caribbean 等为地缘政治实体，但也出现了错误的识别，如把 Africa 识别为人物(PERSON)。

在中文方面，目前明确有 NER 标记的包括 StanfordCoreNLP、百度的 Paddle Lac、哈工大的 LTP，而其他这些测试过的开源 NLP 基础工具，需要从词性标注结果中提取相对应的专有名词，也算是一种折中方案。

下面以 StanfordCoreNLP 为例，演示中文命名实体识别。此处以中国的地理位置简介文本为例，使用 StanfordCoreNLP 提取命名实体，代码如下。

```
from stanfordcorenlp import StanfordCoreNLP
nlp = StanfordCoreNLP(r'E:\nlp\stanford-corenlp-4.2.2',lang='zh')
```

sentence = "中国位于亚洲东部，太平洋西岸。北起漠河附近的黑龙江江心，南到南沙群岛的曾母暗沙。西起帕米尔高原，东至黑龙江、乌苏里江汇合处。陆地面积 960 万平方千米，陆上边界 2 万多千米。"

```
tokens= nlp.word_tokenize(sentence)
print(tokens)
ner_zh = nlp.ner(sentence)
print(ner_zh)
```

输出结果如下：

[('中国', 'COUNTRY'), ('位', 'O'), ('于', 'O'), ('亚洲', 'LOCATION'), ('东部', 'O'), ('，', 'O'), ('太平洋', 'LOCATION'), ('西岸', 'CITY'), ('。', 'O'), ('北起', 'O'), ('漠河', 'GPE'), ('附近', 'O'), ('的', 'O'), ('黑龙江',

'STATE_OR_PROVINCE'), ('江心', 'O'), ('，', 'O'), ('南', 'O'), ('到', 'O'), ('南沙', 'LOCATION'), ('群岛', 'LOCATION'), ('的', 'O'), ('曾母暗沙', 'O'), ('。', 'O'), ('西', 'O'), ('起', 'O'), ('帕米尔', 'LOCATION'), ('高原', 'O'), ('，', 'O'), ('东至', 'O'), ('黑龙江', 'STATE_OR_PROVINCE'), ('、', 'O'), ('乌苏里江', 'GPE'), ('汇合处', 'O'), ('。', 'O'), ('陆地', 'O'), ('面积', 'O'), ('960 万', 'NUMBER'), ('平方千米', 'O'), ('，', 'O'), ('陆上', 'O'), ('边界', 'O'), ('2 万多', 'NUMBER'), ('千', 'NUMBER'), ('米', 'O'), ('。', 'O')]

结果显示：StanfordCoreNLP 的命名实体识别器能准确识别文本中的国家(COUNTRY)、位置(LOCATION)、地缘政治实体(GPE)、数字(NUMBER)等实体，但也存在错误，如将"西岸"识别为'CITY'，没有识别出"曾母暗沙"。

2.2.3　基于句法的数据模型

句法是构成句子的一组特定的规则、惯例和原则。例如，在英语中，依据句法规定由单词组成短语、短语组成从句、从句组成句子。所有这些成分形成了语言的层次结构，并在层次结构中彼此相关。在文本分析中，树结构被广泛用于捕获文本内容之间的关系。例如，单词树可以用于表示句法结构。在文本分类和主题建模过程中，树结构用于生成具有多粒度级别的文档类或主题簇。在自然语言处理中，用于分析和理解文本数据句法和结构的方法主要有词性标注、浅层分析、依存关系分析、成分结构分析等。在本节中我们使用 Stanford Parser 工具来实现和执行句法分析。代码如下：

```
引入 StanfordParser
from nltk.parse.stanford import StanfordParser
import os
# 需要事先下载 parser 和 model 解压到指定路径
path_model='E:/text
visualization/stanford-parser-4.2.0/stanford-parser-full-2020-11-17/stanford-parser-4.2.0-models.jar'
path_parser='E:/text
visualization/stanford-parser-4.2.0/stanford-parser-full-2020-11-17/stanford-parser.jar'
# 指定 JDK 路径
if not os.environ.get('JAVA_HOME'):
    JAVA_HOME = 'C:\Program Files\Java\jdk1.8.0_271'
    os.environ['JAVA_HOME'] = JAVA_HOME
#构建模型
dependency_parser =StanfordParser(path_to_jar=path_parser, path_to_models_jar=path_model)
result = dependency_parser.raw_parse('We have model files for several other languages')
# 绘制句法树
for line in result:
    print(line)
    line.draw()
```

以上代码输出句子"We have model files for several other languages"的句法树，如图 2.11 所示，其中各标签及含义如表 2-13 所示。

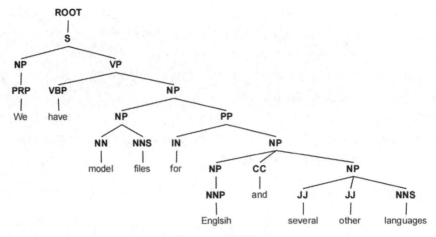

图 2.11　句法树

表 2-13　句法树标签及含义

符　　号	含　　义	符　　号	含　　义
ROOT	要处理文本的语句	PP	介词短语
S	句子	JJ	形容词或序数词
NP	名词短语	NN	普通单数名词
VP	动词短语	NNS	普通复数名词
PRP	人称代词	IN	介词或从属连词
VBP	动词、现在时、非第三人称单数	CC	连词

2.3　文本相似度分析

　　文本相似度分析是指通过一定的策略比较两个或多个文本实体之间的相似程度，得到一个具体量化的相似度数值。文本实体可以是词项、句子、段落，也可以是整个文档或文档集合。随着机器学习与自然语言处理技术的发展，文本相似度的算法越来越丰富。目前，对文本相似度计算还没有统一的分类。例如，从是否考虑文本的语义信息的角度可将其分为术语相似度和语义相似度两种，也可以将其分为表面文本相似度和语义相似度两种，或者基于字符串的方法、基于语料库的方法、基于知识库的方法和混合方法等。这些分类方法之间存在一定的区别和联系。

　　术语相似度是指测量两个词语或词项之间的相似度。语义相似度是先找出文档的语义、含义和上下文，然后分析它们的相似性。表面文本相似度是指直接针对原始文本，作用于字符串序列或字符组合，以两个文本的字符匹配程度或距离作为相似度的衡量标准。基于字符串的方法与表面文本相似度类似，是通过计算两个字符串之间的距离或匹配程度来计算它们的相似性。基于语料库的方法是根据从大型语料库获得的信息确定两个文本之间的相似性，其中语料库是用于语言研究的大量书面语或口语的文本集合。基于知识库的相似度计算方法是通过使用知识库中获取的信息来量化两个文本在语义上的关联程度，主要是基于概念间结构层次关系组织的语义词典的方法，根据在这类语言学资源中概念之间的上下位和同位关系来计算词语的相似度。根据文本相似度的分类方法及其关系，本节重点归纳基于字符串的相似度、基于术语的相似度、基于语料库的相似度和基于知识库的相似度四种。

2.3.1　基于字符串的相似度

基于字符串的文本相似度是通过计算两个字符串之间的距离或匹配程度来估计它们的相似性，也称为表面文本相似度。常采用汉明距离(Hamming Distance，HD)、编辑距离(Levenshtein Distance，LD)、最长公共子序列(Longest Common Sequence，LCS)等距离方法进行计算。

1. 汉明距离

汉明距离(Hamming Distance，HD)表示两个等长字符串在对应位置上不同字符的数目，我们以 $d(x,y)$ 表示字符串 x 和 y 之间的汉明距离。从另一方面看，汉明距离度量了通过替换字符的方式将字符串 x 变成 y 所需要的最少的替换次数。汉明距离的数学表达式为

$$d(x,\ y)=\sum_{i=1}^{n}(x_i \neq y_i) \tag{2.22}$$

其中，n 为词项的长度。可以通过将不匹配的数目除以词项的总长度来归一化汉明距离，如下所示：

$$\mathrm{norm\_d}(x,\ y)=\frac{\displaystyle\sum_{i=1}^{n}(x_i \neq y_i)}{n} \tag{2.23}$$

例如，以下字符串间的汉明距离为：

"karolin" and "kathrin" 的距离是 3。

"karolin" and "kerstin" 的距离是 3。

1011101and1001001 的距离是 2。

2173896and2233796 的距离是 3。

以下 Python 代码实现了两个字符串之间的距离计算。

```
s1 = '1111101'
s2 = '1001001'
def hamming_distance(s1, s2):
    b1, b2 = bytearray(s1, encoding='utf8'), bytearray(s2, encoding='utf8')
    diff = 0
    for i in range(len(b1)):
        if b1[i] != b2[i]:
            diff += bin(b1[i] ^ b2[i]).count("1")
    return diff
print(hamming_distance(s1, s2))
```

最后输出的结果是 3。

2. 编辑距离

编辑距离(Levenshtein Distance，LD)也称莱文斯坦距离，是指两个字符串之间，由一

个转换成另一个所需的最少编辑操作次数，允许的编辑操作包括将其中一个字符替换成另一个字符、插入一个字符和删除一个字符。编辑距离的计算公式如下：

$$\text{lev}_{a,b}(i,j) = \begin{cases} \max(i,j) & \text{if } \min(i,j)=0 \\ \min \begin{cases} \text{lev}_{a,b}(i-1,j)+1 \\ \text{lev}_{a,b}(i,j-1)+1 \\ \text{lev}_{a,b}(i-1,j-1)+1_{(a_i \neq b_j)} \end{cases} & \text{otherwise} \end{cases} \tag{2.24}$$

其中，i 和 j 分别表示字符串 a 和字符串 b 的下标，下标从 1 开始。以下代码实现了两个字符串之间的编辑距离计算。

```python
import numpy as np
def edit_distance(word1, word2):
    len1 = len(word1)
    len2 = len(word2)
    dp = np.zeros((len1 + 1, len2 + 1))
    for i in range(len1 + 1):
        dp[i][0] = i
    for j in range(len2 + 1):
        dp[0][j] = j
    for i in range(1, len1 + 1):
        for j in range(1, len2 + 1):
            delta = 0 if word1[i - 1] == word2[j - 1] else 1
            dp[i][j] = min(dp[i - 1][j - 1] + delta, min(dp[i - 1][j] + 1, dp[i][j - 1] + 1))
    return dp[len1][len2]
print(edit_distance("文本可视化", "文本相似度"))
```

最终输出"文本可视化"和"文本相似度"两个字符串之间的编辑距离是 3。编辑距离同样适合于英文、数字等不同的字符串。

3. 最长公共子序列

最长公共子序列(Longest Common Sequence，LCS)是指一个序列 S，如果分别是两个或多个已知序列的子序列，且是所有符合此条件序列中最长的，则称 S 为已知序列的最长公共子序列。例如，给定一个字符串 str="ABCDADNENXY"，从 str 中任意去掉若干个(含 0 个)字符，剩下的就是这个 str 的子序列，如 ABC、BXY、DADXY 等，中间不必连续。给定字符串 str1="ABCDEF" 和 str2="CDEFGH"，字符串 S="CDEF" 同是 str1 和 str2 的子序列，且 S 是最长的，所以字符串 S 为最长公共子序列。最长公共子序列可以采用动态规划的方法进行求解，如下所示。

$$c(i,j) = \begin{cases} 0 & \text{当} i=0 \text{或者} j=0 \\ c(i-1,j-1)+1 & \text{当} i>0, j>0 \text{且} x_i = y_i \\ \max(c(i-1,j),c(i,j-1)) & \text{当} i>0, j>0 \text{且} x_i = y_i \end{cases} \tag{2.25}$$

对于给定的两个字符串 X 和 Y，长度分别为 i 和 j，构建二维数组 $C[i, j]$，以 0 填充。

将 X 的每个字符分别与 Y 的每个字符比较，如果 X 和 Y 其中有任意一个字符串长度为 0，则 $C[i, j] = 0$。如果 $X[i] = Y[j]$，则 $C[i, j]$ 取矩阵左上角数值+1，即 $C[i-1, j-1] + 1$。如果 $X[i] \neq Y[j]$，则 $C[i, j]$ 取矩阵上和左数值中较大的一个，即 $\max(C[i-1, j], C[i, j-1])$。

以下代码实现了两个字符串的最长公共子序列计算。其基本思路是先读入待匹配的两个字符串，然后计算最长公共子序列，最后返回其中一个最长公共子序列。

```python
#定义最长公共子序列计算函数
def lcs_len(a, b):
    n = len(a)
    m = len(b)
    l = [([0] * (m + 1)) for i in range(n + 1)]
    # 0 是左上 , -1 是左, 1 是上
    direct = [([0] * m) for i in range(n)]
    for i in range(n + 1)[1:]:
        for j in range(m + 1)[1:]:
            if a[i - 1] == b[j - 1]:
                l[i][j] = l[i - 1][j - 1] + 1
            elif l[i][j - 1] > l[i - 1][j]:
                l[i][j] = l[i][j - 1]
                direct[i - 1][j - 1] = -1
            else:
                l[i][j] = l[i - 1][j]
                direct[i - 1][j - 1] = 1
    return l, direct
def get_lcs(direct, a, i, j):
    lcs = []
    get_lcs_inner(direct, a, i, j, lcs)
    return lcs
def get_lcs_inner(direct, a, i, j, lcs):
    if i < 0 or j < 0:
        return
    if direct[i][j] == 0:
        get_lcs_inner(direct, a, i - 1, j - 1, lcs)
        lcs.append(a[i])
    elif direct[i][j] == 1:
        get_lcs_inner(direct, a, i - 1, j, lcs)
    else:
        get_lcs_inner(direct, a, i, j - 1, lcs)
主程序：
if __name__ == "__main__":
```

```
a = "文本可视化分析"
b = "文本相似度分析"
l, direct = lcs_len(a, b)
lcs = get_lcs(direct, a, len(a) - 1, len(b) - 1)
print("lcs 的长度是:", l[len(a)][len(b)])
print("其中一个 lcs 是:", "".join(lcs))
```

输出结果如下：

```
lcs 的长度是 4
其中一个 lcs 是文本分析
```

2.3.2 基于术语的相似度

术语(Term)是指文本中的词语或词项。根据计算时表示方式的不同，其可以分为原始文本和向量空间模型两种形式，可以采用 Jaccard 相似性、欧式距离(Euclidean Dis-tance)、曼哈顿距离(Manhattan Distance)、余弦相似度(Cosine)、切比雪夫距离(Chebyshev Distance)等。

1. Jaccard 相似性

Jaccard 系数又称为 Jaccard 相似系数(Jaccard similarity coefficient)，用于比较有限样本集之间的相似性与差异性。Jaccard 系数值越大，样本相似度越高。给定两个集合 A、B，Jaccard 系数定义为 A 与 B 交集的大小与 A 与 B 并集的大小的比值，相似性的数学表达式为

$$J(A,B) = \frac{|A \cap B|}{|A \cup B|} = \frac{|A \cap B|}{|A| + |B| - |A \cap B|} \tag{2.26}$$

Jaccard 系数用在文本相似度上，就是将两个文本分别进行分词，用交集中的词语数和并集中的词语数求比值。例如，有以下两个文本样本：

A：我喜欢吃面条

B：我喜欢吃米饭

进行分词处理，得到词语集合。

A = [我,喜欢,吃,面条]

B = [我,喜欢,吃,米饭]

Jaccard 相似度计算为 $J(A,B)=|A \cap B|/|A \cup B|=3/5=0.6$，集合 A 和 B 的相似度为 0.6。

下面的代码验证了上例的 Jaccard 相似度计算。

```
import jieba
def Jaccrad(model, reference):   # terms_reference 为源句子，terms_model 为候选句子
    terms_reference = jieba.cut(reference)   # 默认精准模式
    terms_model = jieba.cut(model)
    grams_reference = set(terms_reference)   # 去重；如果不需要就改为 list
    grams_model = set(terms_model)
    temp = 0
    for i in grams_reference:
```

```
    if i in grams_model:
        temp = temp + 1
    fenmu = len(grams_model) + len(grams_reference) - temp   # 并集
    jaccard_coefficient = float(temp / fenmu)   # 交集
    return jaccard_coefficient
A = "我喜欢吃面条"
B = "我喜欢吃米饭"
jaccard_coefficient = Jaccrad(A, B)
print（"A 和 B 的相似度为：",jaccard_coefficient)
```

输出结果如下：

```
A 和 B 的相似度为：0.6
```

2. 欧氏距离

欧氏距离也称欧几里得距离，是最常用的距离计算公式，衡量得是多维空间中各个点之间的绝对距离。当数据很稠密并且连续时，这是一种很好的计算方式。因为计算是基于各维度特征的绝对数值，所以欧氏度量需要保证各维度指标在相同的刻度级别，如在 KNN 中需要对特征进行归一化。欧氏距离的数学表达式为

$$d(x,y) = \sqrt{\sum_{i=1}^{n}(x_i - y_i)^2} \tag{2.27}$$

其中，$d(x，y)$表示两个词项 x_i 和 y_i 之间的欧氏距离。x_i 和 y_i 是两个向量化文本词项，每个长度都是 n。Python 实现代码如下。

```
#引入 numpy 和 math
import numpy as np
import math
#定义函数
def Euclidean(vec1, vec2):
    npvec1, npvec2 = np.array(vec1), np.array(vec2)
    return math.sqrt(((npvec1-npvec2)**2).sum())
```

以上代码定义为函数 Euclidean 传入参数为两个文本向量，返回值为欧氏距离。

3. 曼哈顿距离

曼哈顿距离也称为城市街区距离(City Block Distance)，在概念上与汉明距离类似，曼哈顿距离的数学表达式为

$$d(x，y)=\sum_{i=1}^{n}|x_i - y_i| \tag{2.28}$$

Python 实现代码如下：

```
#引入 numpy 和 math
import numpy as np
import math
```

```
#定义函数
def Manhattan(vec1, vec2):
    npvec1, npvec2 = np.array(vec1), np.array(vec2)
    return np.abs(npvec1-npvec2).sum()
```

以上代码定义为函数 Manhattan，传入参数为两个文本向量，返回值为曼哈顿距离。

4. 余弦相似度

余弦相似度用向量空间中两个向量夹角的余弦值作为衡量两个个体间差异的大小。相比距离度量，余弦相似度更注重两个向量在方向上的差异，而非在距离或长度上的差异。余弦相似度的数学表达式为

$$cs(x, \ y) = \cos\theta = \frac{\sum_{i=1}^{n} x_i \times y_i}{\sqrt{\sum_{i=1}^{n} x_i^2 \sum_{i=1}^{n} y_i^2}} \tag{2.29}$$

其中，$cs(x, \ y)$ 是 x，y 之间的余弦相似度得分，x_i 和 y_i 是两个向量的各类特征，这些特征的总数为 n。Python 实现代码如下：

```
#引入 numpy 和 math
import numpy as np
import math
def Cosine(vec1, vec2):
    npvec1, npvec2 = np.array(vec1), np.array(vec2)
    return npvec1.dot(npvec2)/(math.sqrt((npvec1**2).sum()) *
    math.sqrt((npvec2**2).sum()))
```

以上代码定义为函数 Cosine，传入参数为两个文本向量，返回值为余弦距离。

5. 切比雪夫距离

切比雪夫距离定义为两个向量在任意坐标维度上的最大差值。换句话说，它就是沿着一个轴的最大距离。切比雪夫距离通常被称为棋盘距离，因为国际象棋的国王从一个方格到另一个方格的最小步数等于切比雪夫距离。切比雪夫距离的数学表达式为

$$d(x, \ y) = \max(|x_1 - x_2|, \ |y_1 - y_2|) \tag{2.30}$$

式(2.30)用于计算平面上两个点的切比雪夫距离。如果是两个 n 维向量 $a(x_{11}, x_{12}, \cdots, x_{1n})$ 与 $b(x_{21}, x_{22}, \cdots, x_{2n})$ 的距离，则可以表示为

$$d(x, \ y) = \max_i(|x_{1i} - x_{2i}|) \tag{2.31}$$

切比雪夫距离的实现代码如下：

```
#引入 numpy 和 math
import numpy as np
import math
def Chebyshev(vec1, vec2):
    npvec1, npvec2 = np.array(vec1), np.array(vec2)
    return max(np.abs(npvec1-npvec2))
```

以上代码定义了函数 Chebyshev，输入为两个文本向量，输出为切比雪夫距离。

2.3.3　基于语料库的相似度

基于语料库的相似度是利用从语料库中获取的信息计算文本相似度。语料库的类型可以是开源的大型语料库，如维基百科语料、百度百科语料、知乎语料、微博语料等，针对特定领域的医学语料、新闻语料、金融语料、文学语料等；也可以是自定义的语料库，通过搜集在线文档构成语料库，如电影、电子商务、图书阅读、在线学习等在线评论。基于语料库的相似度计算可以分为基于分布式表示和基于搜索引擎的方法。基于分布式表示的方法主要是利用语料库将文本转化为具有语义信息的向量表示形式，可以根据向量相似度来判断语义/分布相似度，或作为机器学习算法的特征，也可以输入到神经网络中进行学习。基于搜索引擎(Web Search Engines-Based)的方法是将整个 Web 看作为一个动态语料库，研究工作侧重于计算词之间的语义相似度。

我们将使用一个 Coursera 网站上的课程介绍构成的语料库作为分析对象计算其相似度，这个语料库共包括 300 多个课程介绍。以每个课程介绍作为一个文档，通过计算相似度，找出其中相似的课程。该方法的基本思路是对文档进行预处理，从文档中提取特征，将文档以向量化进行表示，然后计算文档的相似度，所使用的工具包括 NLTK、gensim 等。

1. 语料准备

从 Coursera 网站上下载课程介绍并保存在 excel 文件中，课程的信息包括课程名、课程简介和课程详情 3 个部分。我们在 Python 中读取课程信息，代码如下：

```
#课程信息加载
coursera=open('coursera_corpus',mode='r',encoding='utf-8')
courses = [line.strip() for line in coursera]
courses_name = [course.split('\t')[0] for course in courses]
print(courses_name[0:5])
输出其中 6 门课的名称：
['Analyse Numérique pour Ingénieurs', 'Evolution: A Course for Educators', 'Coding the Matrix: Linear Algebra through Computer Science Applications', 'The Dynamic Earth: A Course for Educators', 'Science, Technology, and Society in China III: The Present & Policy Implications']
```

2. 文档预处理

文档预处理的操作包括转换大小写、分词、去停用词、去除标点符号、词干化处理和去掉低频词等。代码如下：

```
#转换为小写
texts_lower = [[word for word in document.lower().split()] for document in courses]
#分词
from nltk.tokenize import word_tokenize
texts_tokenized = [[word.lower() for word in word_tokenize(document.encode('utf-8').decode('utf-8'))] for document in courses]
#去停用词
from nltk.corpus import stopwords
```

```
english_stopwords = stopwords.words('english')
texts_filtered_stopwords = [[word for word in document if not word in english_stopwords] for document in texts_tokenized]
#去除标点符号
english_punctuations = [',','''.', ':', ';', '?', '(', ')','&', '!', '*', '@', '#', '$', '%']
texts_filtered = [[word for word in document if not word in english_punctuations] for document in texts_filtered_stopwords]
#词干化处理
from nltk.stem.lancaster import LancasterStemmer
st = LancasterStemmer()
st.stem('stemmed')
texts_stemmed = [[st.stem(word) for word in docment] for docment in texts_filtered]
print (texts_stemmed[0])
#去掉低频词
all_stems = sum(texts_stemmed, [])
stems_once = set(stem for stem in set(all_stems) if all_stems.count(stem) == 1)
texts = [[stem for stem in text if stem not in stems_once] for text in texts_stemmed]
```

3. 通过 gensim 计算相似度

通过 gensim 计算相似度，该过程的环节包括构建 gensim 词典和语料、计算 tfidf 特征、建立语义索引模型、计算相似度等。以下是计算得到课程的相似性矩阵，并找出与第 35 号课程 "Introduction to Data Science" 相似的课程，代码如下。

```
#引入 gensim 相关模块
from gensim import corpora, models, similarities
import logging
logging.basicConfig(format='%(asctime)s : %(levelname)s : %(message)s', level=logging.INFO)
#构建 gensim 词典和语料
dictionary = corpora.Dictionary(texts)
corpus = [dictionary.doc2bow(text) for text in texts]
#计算 tfidf 特征
tfidf = models.TfidfModel(corpus)
corpus_tfidf = tfidf[corpus]
#构建 lsi 模型与相似性矩阵
lsi = models.LsiModel(corpus_tfidf, id2word=dictionary, num_topics=10)
index = similarities.MatrixSimilarity(lsi[corpus])
#计算 35 号课程的相似性矩阵
print(courses_name[35])
ml_course = texts[35]
ml_bow = dictionary.doc2bow(ml_course)
ml_lsi = lsi[ml_bow]
```

```
print(ml_lsi)
sims = index[ml_lsi]
#相似性从大到小排序，输出最相似的前 10 门课程
sort_sims = sorted(enumerate(sims), key=lambda item: -item[1])
print(sort_sims[0:9])
print(courses_name[251])
```

输出与"Introduction to Data Science(数据科学导论)"最相似的前 10 门课的编号及相似度的结果如下：

```
[(35, 1.0), (251, 0.9904846), (181, 0.963333), (72, 0.9536258), (113, 0.94659364), (193, 0.9405519), (89,
0.9304881), (114, 0.9194305), (257, 0.9067996), (305, 0.8877742)]
```

结果显示：第 1 个是该课程本身，相似度为 1，第二个是编号为 251 的课程，相似度为 0.9904846，该课程的名称是"Data Analysis(数据分析)"。

2.3.4　基于知识库的相似度

基于知识库的相似度计算是指利用具有规范组织体系的知识库计算文本相似度。基于知识库的方法可以按知识库的类型分为基于本体和基于网络知识两种。基于本体的相似度计算主要是基于语义词典进行计算。目前，国际上最知名的英文语义词典是 *WordNet*，国内则主要使用语义词典 *HowNet*、《同义词词林》等。基于网络知识的相似度计算主要使用维基百科、DBpedia、百度百科等知识库提取语义计算相似度。网络知识虽然有丰富的语义信息、更新快速的信息内容，但是其数据噪声很大，与 *WordNet* 等语义词典相比，其数据的结构性并不强，因此计算结果普遍较差。下面以 *WordNet* 为例，说明基于知识库的相似度计算。

1. *WordNet*

WordNet 是由美国普林斯顿大学的心理学家、语言学家和计算机工程师联合设计的一种基于认知语言学的英语词典。*WordNet* 的描述对象包含复合词、短语动词、搭配词、成语、单词，其中单词是最基本的单位。*WordNet* 根据单词的语义分组，相同语义的单词组合在一起称为同义词集(synset)，一个一词多义的单词将出现在它的每个语义对应的同义词集中。*WordNet* 为每一个 synset 提供了简短、概要的定义，并记录不同 synset 之间的语义关系。

1) *WordNet* 的安装

WordNet 安装前需要先安装 NLTK，然后通过以下命令安装 *WordNet*。

英文版 WordNet:

```
nltk.download('wordnet')
```

若要使用中文的 *WordNet*，需要再下载一个组件 Open Multilingual Wordnet(omw)，即开放多语言 Wordnet。

```
nltk.download('omw')
```

2) *WordNet* 的使用

WordNet 能查询单词的定义、同义词集、同义词集的词根，计算单词的相似性等功能。以下代码实现了这些功能。

```
from nltk.corpus import wordnet as wn
#获得单词的同义词集
print(wn.synsets('dog'))
```
输出：

[Synset('dog.n.01'),   Synset('frump.n.01'),   Synset('dog.n.03'),   Synset('cad.n.01'),   Synset('frank.n.02'), Synset('pawl.n.01'), Synset('andiron.n.01'), Synset('chase.v.01')]

```
#获得单词同义词集的定义
print(wn.synset('apple.n.01').definition())
```
输出：

fruit with red or yellow or green skin and sweet to tart crisp whitish flesh

```
#获得指定词性单词的同义词集
print(wn.synsets("book", pos=wn.NOUN))
```
输出：

[Synset('book.n.01'), Synset('book.n.02'), Synset('record.n.05'), Synset('script.n.01'), Synset('ledger.n.01'), Synset('book.n.06'),   Synset('book.n.07'),   Synset('koran.n.01'),   Synset('bible.n.01'),   Synset('book.n.10'), Synset('book.n.11')]

```
#获得单词的词根
print(wn.morphy('denied'))
```
输出：

deny

```
#计算两个词的相似性
dog = wn.synset('dog.n.01')
cat = wn.synset('cat.n.01')
print(dog.path_similarity(cat))
```
输出：

0.2

2.4 文本情感分析

　　文本情感分析又称意见挖掘、倾向性分析等，是对带有情感色彩的主观性文本进行分析、处理、归纳和推理的过程。随着互联网技术的发展，社交媒体、网站等网络平台上产生了大量的用户参与的，对于诸如人物、事件或产品等有价值的评论信息。这些评论信息表达了人们的各种情感色彩和情感倾向性，如喜、怒、哀、乐等。基于此，潜在用户通过浏览这些主观色彩的评论来了解大众舆论对于某一人物、事件或产品的看法。

　　文本情感分析就是从大量的文本(如各种评论信息)中挖掘提取信息的过程，以此来获取人们对事物的态度。这个态度或许是他(或她)的个人判断或评估，或是他(或她)当时的情感状态(即作者在表达这个言论时的情绪状态)，或是作者有意向的情感交流(即作者想要读者体验的情绪)。文本情感分析的基本步骤是对文本中的某段已知文字的极性进行分类，判断出此文字中表述的观点的情感极性。

得益于社交媒体的快速发展，文本情感分析已经成为自然语言处理(NLP)中最活跃的研究领域之一。就文本细粒度而言，文本情感分析通常可以从篇章级(文档级)、句子级和方面级对文本的情感极性进行分类。粗层次的分析可以确定文档和语句的情感倾向，方面级的分析则是针对语料中的对象或实体进行更细粒度的情感分类。按文本情感分析的技术不同，可以分为 3 种类型：基于情感词典的方法、基于传统机器学习的方法和基于深度学习的方法。本节将主要介绍前 2 种文本情感分析技术。

2.4.1　基于情感词典的方法

基于情感词典的方法首先需要构建情感分析词典，即将某语言中用于表达情感的词汇分为不同类别，然后比对文本中情感词的个数之类的方法，评估文本的情感倾向。

1. 情感极性

情感被描述为对机体有意义的事件(外部或内部)的离散和一致的反应，其持续时间很短，与一系列协调的反应相对应，这些反应可能包括语言、行为、生理和神经机制。情感极性是指对情感的分类，即将人的情感划分为几种离散取值。情感的表征通常用情感极性来表示，如将情感分为积极和消极两种，或分为积极、消极、中性三种，也有采用多分类情绪来表示，如高兴、激动、悲哀、愤怒等。

美国心理学家罗伯特·普拉切克(Robert Plutchik)教授在 1980 年提出了"情绪轮"(Wheel of Emotions)模型，如图 2.12 所示。他认为人的基本情绪是通过自然选择进化而来的，并将其分为 8 种基本情绪：喜悦(joy)、信任(trust)、恐惧(fear)、惊讶(surprise)、悲伤(sadness)、厌恶(disgust)、愤怒(anger)和期待(anticipation)。所有其他情绪都可以由这些基本情绪构成，如期待和喜悦组合形成乐观(optimism)，喜悦和信任组合形成喜爱(love)，信任和恐惧组合形成屈服(submission)等。

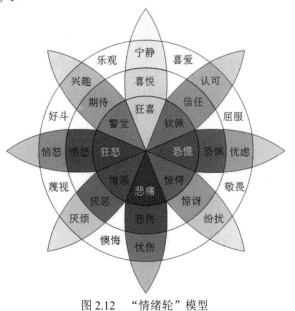

图 2.12　"情绪轮"模型

美国心理学家查尔斯·奥斯古德(Charles E.Osgood)基于认知的视角,认为情绪可以被映射到效价(Valence)、唤醒度(Arousal)和优势度(Dominance)三个维度,简称 VAD 模型。效价是指从非常积极的感觉到非常消极的感觉(或从不快乐到快乐);唤醒度是指从困倦状态变为兴奋状态;优势度对应的是情绪强度。以此模型为基础,美国佛罗里达大学的学者整理了 1000 多个英语单词所表达的情绪得分。加拿大和比利时学者进一步整理了近 14000 个英语单词、词组的情感得分,还对具有不同性别、年龄和教育背景的人在这些英语单词、词组上的情绪感受进行了差别化分析。由此可知,当我们把人的情感用较为规范的若干类别来定义后,便可以构建情感词典,通过整理可以得到各个词语究竟属于哪种情感类别。

2. 情感词典

情感词典是对现有各类文本中的各类情绪词语进行总结,并将它们与所要分析的文字进行比较,发现它们之间存在的重叠关系,由此判断表达的情绪。基于情感词典的方法首先需要构造情感词典,这样能更全面、更精确地进行情感分析。情感词典的覆盖率是影响情感分类效果的重要因素。目前,已有不少研究机构或学者构建了情感词典作为开放资源供研究人员使用,接下来介绍几种常用的中文情感词典资源。

1) 知网(HowNet)情感词典

知网(HowNet)情感词典是由中国知网的研究者整理出的情感词典,主要由中文和英文两部分组成。中文部分包含的数据有中文正面评价词语、中文负面评价词语、中文正面情感词语、中文负面情感词语、中文程度级别词语和中文主张词语;英文部分包含的数据有英文正面评价词语、英文正面评价词语、英文正面情感词语、英文负面情感词语、英文程度级别词语、英文主张词语。其中程度级别词语主要包括"极其(extreme)""最(most)""很(very)""较(more)""稍(-ish)""欠(insufficiently)""超(over)"7 个级别,主张词语包括感知(perception)和认为(regard)两种类型。

2) 台湾大学(NTUSD)中文情感词典

台湾大学(NTUSD)中文情感词典来源于台湾大学自然语言实验室,词典包含两个子文件,分别是 negative(负面)和 positive(正面)子文件。该词典为简体的情感极性词典,共包含 2810 个正向情感词和 8276 个负向情感词,用于二元情感分类任务。

3) 清华大学李军中文褒贬义词典(TSING)

清华大学李军中文褒贬义词典(TSING)是由清华大学李军整理的中文情感词典资源,该资源由褒义和贬义两个文件构成,其中包含褒义词 5568 个和贬义词 4470 个。

4) 大连理工大学中文情感词汇本体库

大连理工大学中文情感词汇本体库是大连理工大学信息检索研究室整理和标注的一个中文本体资源。中文情感词汇本体库从不同角度描述一个中文词汇或者短语,包括词语词性种类、情感类别、情感强度及极性等信息。其情感分类体系是在国外比较有影响力的 Ekman 的 6 大类情感分类体系的基础上构建的。在 Ekman 的基础上,词汇本体加入情感类别"好"对褒义情感进行了更细致地划分,最终由 7 大类 21 小类构成。该本体库的 7 大类情感分类是"乐""好""怒""哀""惧""恶""惊",其中"乐"又分为"快乐"和"安心"2 个子类;"好"又分为"尊敬""相信""赞扬""喜爱""祝愿"5 个小类;其他大类也划分为不同的小类。情感词汇本体中的词性种类一共分为 7 类，分别是名词(noun)、动词(verb)、形容词(adj)、副词(adv)、网络词语(nw)、成语(idiom)和介词短语(prep)。情感强度分为 1、3、5、7、9 五档，其中 1 表示强度最小，9 表示强度最大。每个词在每一类情感下都对应了一个极性，其中，0 代表中性、1 代表褒义、2 代表贬义、3 代表兼有褒贬两性。

基于情感词典的方法是指利用情感词典提供的词的情感倾向性信息，结合语言知识和统计信息，将文本中的词句与词典配对计算它的情感数值。情感词典为文本情感分析提供了便利性，且准确性较高。然而，单一词典中收录的词语毕竟有限，随着社会的发展会产生一些新的词汇。因此，在实际使用时，往往需要对词典进行扩展和补充，以提高情感分析的准确性。

5) SnowNLP

SnowNLP 是常用的 Python 文本分析库，具有中文分词、词性标注、情感分析、文本分类和文本相似性分析等模块。SnowNLP 也是基于情感词典实现的，其将文本分为积极和消极两类，返回值为情绪的概率，即接近 1 为积极，接近 0 为消极。SnowNLP 的情感词典更为准确地说是具有积极和消极情感的句子，使用 SnowNLP 时通过内置的情感分类器对这两类文本进行训练，并根据训练的结果输出待分析文本的情感得分。SnowNLP 词典库中的积极和消极情感文本主要来源是在线评论，对于这一类文本的情感分析较为准确。对于其他文本则需要重新标注数据训练模型，以提高准确性。

3. 基于情感词典方法的实现

我们以 SnowNLP 库为例，来实现基于情感词典方法的文本情感分析。SnowNLP 情感分类的基本模型是贝叶斯模型。SnowNLP 的情感分析模块主要包括 neg.txt、pos.txt 和 __init__.py 三个文件，如图 2.13 所示。neg.txt 和 pos.txt 文件中保存的是消极和积极的在线评论文本，__init__.py 为情感分析核心代码，包括 classify 函数和 train 函数是两个核心的函数，其中，train 函数用于训练一个情感分类器，classify 函数用于预测。

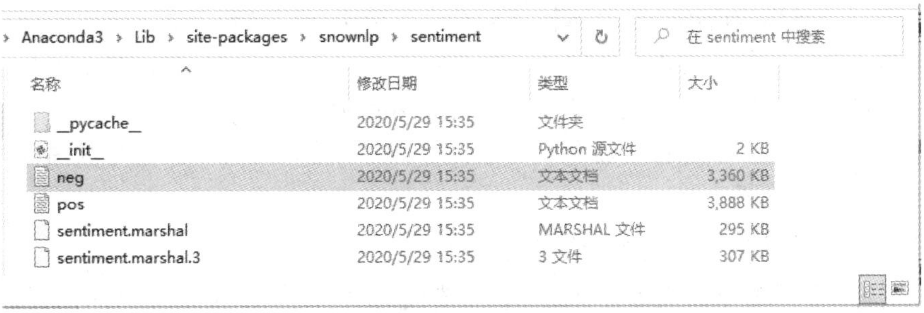

图 2.13 SnowNLP 库

以下 Python 代码实现了 SnowNLP 文本情感分析，输出的是句子的情感得分。

```
from snownlp import SnowNLP #导入
#分析句子的情感值
sentence1 = '你这个酒没有红酒味，口感比较差，我要退货！'
s1 = SnowNLP(sentence1)
print(s1.sentiments)
sentence2 = '这个是很不错的课程！'
s2 = SnowNLP(sentence2)
```

```
print(s2.sentiments)
```

输出结果如下：

```
0.008291172510745848
0.9711678541102263
```

结果显示：第 1 个句子的情感得分为 0.0083，得分接近于 0，是一个具有消极情感的句子；第 2 个句子的得分为 0.971，得分接近 1，是一个具有积极情感的句子。由此可见，SnowNLP 能对句子的情感进行准确的预测。但是，在实际的应用中，一般需要根据实际数据重新训练模型，步骤如下：

(1) 准备正负样本，并分别保存。例如，正样本保存到 pos.txt，负样本保存到 neg.txt。

(2) 利用 SnowNLP 训练新的模型。

(3) 保存好新的模型。

模型训练的方法如下：

```
from snownlp import sentiment
if __name__ == "__main__":
  # 重新训练模型
  sentiment.train('./neg.txt', './pos.txt')
  # 保存好新训练的模型
  sentiment.save('sentiment.marshal')
```

训练好的模型保存在 sentiment.marshal 文件中，以便后续分析调用。

2.4.2 基于机器学习的方法

基于机器学习的方法是指在训练集中使用机器学习算法来提取和学习文本特征，训练情感分类模型，最终构造出一个文本情感倾向性的分类器用来判定文本情感的极性。机器学习的算法包括有监督学习、无监督学习和半监督学习三种类型。有监督学习是指通过一组已标注的样本不断地调整分类器的参数，使其达到所需性能的过程。无监督学习使用的样本不带有类别信息。半监督学习介于有监督与无监督学习之间，其同时利用标注样本和未标注样本进行训练和分类。

1. 基于机器学习的文本情感分析流程

文本情感分析本质上是文本分类问题，其核心是根据文本数据构造一个分类器，并将此分类器用于预测文本的情感极性。基于机器学习的文本情感分析主要包括文本预处理、文本特征表示和分类器训练等阶段。

1) 文本预处理

文本预处理是对半结构化或非结构化的文本进行适当的清洗和处理，为文本情感分类准备数据的过程。文本预处理通常包括繁体简体转换、大小写转换、分词、去停用词、去低频词和词的标准化处理等环节。对于情感分析的文本，因数据的来源不同，文本预处理的过程也不同。例如，对于通过网络爬虫抓取的网页数据，首先要去掉 Html 标签、emoji 表情、脚本语言和广告内容等噪声信息。对于经典数据集，则无需这一步骤。

2) 文本特征表示

文本特征表示是将非结构化或半结构化的文本信息转化为机器学习算法能识别和使用的结构化形式的过程。这一过程有三个主要步骤，分别是文本特征选择、特征维数约减和特征权重计算。文本特征选择需要选取适当的语义单元作为特征，常见的方法是向量空间模型。特征维数约减是对高维文本数据进行降维处理，去除特征集中不能有效反映类别信息的特征，避免维数灾难，提高分类的效率和准确率。特征权重计算是为区分特征间对分类的贡献程度而赋予不同权重的过程，常见的方法有布尔权重、TF、TF-IDF 等。

3) 分类器训练

分类器是数据挖掘中对样本进行分类的方法的统称。在文本情感分类中，常用的分类器有朴素贝叶斯(Naive Bayes)、k 近邻(k-Nearest Neighbor，KNN)、支持向量机(Support Vector Machine，SVM)和最大熵算法(Maximum Entropy，ME)等，具体如下：

(1) 朴素贝叶斯分类器是一种有监督机器学习分类的算法。其基本思想是：将已标注的文本作为训练样本，选取其中的词汇、情感词出现的次数作为分类特征，然后将这些特征作为输入，利用贝叶斯公式计算概率并分配类别标签进行分类。

(2) k 近邻分类器是一种采用测量不同特征值之间的距离进行分类的方法。其核心思想是：如果一个样本在特征空间中的 K 个最相邻的样本中的大多数属于某一个类别，则该样本也属于这个类别，并具有这个类别上样本的特性。在文本情感分类中，k 近邻分类器从测试文档或词语开始，不断扩大区域，直到包含 K 个训练样本点为止，并把测试文档或词语归类为这最近的 K 个训练样点中出现概率最大的类别。

(3) 支持向量机分类器是一种基于统计学习理论的机器学习方法，用于与机器学习算法相关的回归分析和分类。其核心思想是：对给定一组训练实例，找到一个具有最大间隔的分隔平面(也称超平面)，间隔越大，分类效果越好。每个训练实例被标记为属于两个类别中的一个或另一个，支持向量机分类器建立一个将新的实例分配给两个类别之一的模型，使其成为非概率二元线性分类器。支持向量机模型将实例表示为空间中的点，这样映射就使得单独类别的实例被尽可能地分开。然后，将新的实例映射到同一空间，并基于它们落在间隔的哪一侧来预测所属类别。

(4) 最大熵算法分类器也称为"条件指数分类器"。其基本思想是：在学习概率模型时，所有可能的模型中熵最大的模型是最好的模型。对一个随机事件的概率分布进行预测时，预测应当满足全部已知的约束，而对未知的情况不要作任何主观假设。在这种情况下，概率分布最均匀，预测的风险最小，因此得到的概率分布的熵最大。

2. 基于机器学习的文本情感分析实现

我们以中文在线评论文本作为数据集，使用 gensim 提取文本数据的 Word2Vec 特征向量，采用支持向量机分类器构建分类模型，通过训练样后对待分类样本的情感极性进行预测。实现过程包括数据集准备、文本预处理、构建特征向量、SVM 分类模型训练、情感预测等环节。

1) 数据集准备

模型训练使用的数据集是已做好标注的在线评论文本数据(约 2 万条)，将其分为正面评价和负面评价两个部分，分别保存在 pos.xls 和 neg.xls 文件中。

2) 文本预处理

文本预处理的步骤是首先载入数据，然后分词处理，并将数据集切分为训练数据集和测试数据集。数据加载采用 pandas 读取 excel 文件为 DataFrame 数据结构。分词采用 jieba 工具，以列表形式返回，并添加到 DataFrame 数据中。分词处理后将正面评价标注为 1，负面评价标注为 0，并合为一个数据集。数据集的切分使用 sklearn 的 train_test_split 工具，其中，训练数据集占 80%、测试数据集占 20%。实现代码如下。

```python
import pandas as pd
import numpy as np
import jieba


def preprocessing()
    neg=pd.read_excel('data/neg.xls',header=None,index=None)
    pos=pd.read_excel('data/pos.xls',header=None,index=None)
    cw = lambda x: list(jieba.cut(x))
    pos['words'] = pos[0].apply(cw)
    neg['words'] = neg[0].apply(cw)
    y = np.concatenate((np.ones(len(pos)), np.zeros(len(neg))),axis=0)
    x_train, x_test, y_train, y_test = train_test_split(np.concatenate((pos['words'], neg['words'])), y, test_size=0.2)
    return x_train,x_test
```

3) 构建特征向量

构建特征向量的步骤是首先提取 Word2Vec 词向量，维数为 300，然后对每个句子的所有词向量取均值，生成训练数据集和测试数据集的句子级向量。Word2Vec 采用 gensim 库来实现，以下是核心代码。

```python
from gensim.models.word2vec import Word2Vec
# 构建句子向量
def build_sentence_vector(text, size,w2v):
    vec = np.zeros(size).reshape((1, size))
    count = 0.
    for word in text:
        try:
            vec += w2v.wv[word].reshape((1, size))
            count += 1.
        except KeyError:
            continue
    if count != 0:
        vec /= count
    return vec
#构建 Word2Vec 词向量
```

```
n_dim = 300
w2v = Word2Vec(x_train, vector_size=n_dim, min_count=10)
train_vecs = np.concatenate([build_sentence_vector(z, n_dim, w2v) for z in x_train])
np.save('train_test_data/train_vecs.npy', train_vecs)
print(train_vecs.shape)
w2v.train(x_test,total_examples=w2v.corpus_count, epochs=5)
test_vecs = np.concatenate([build_sentence_vector(z, n_dim, w2v) for z in x_test])
np.save('train_test_data/test_vecs.npy', test_vecs)
print(test_vecs.shape)
```

4) SVM 分类模型训练

从 sklearn.svm 库中导入 SVC 模块，对分类模型进行训练。SVM 的核函数 Kernel 类型采用默认值'rbf'，意思是径像核函数。其他可选的值为 linear、poly、sigmod、precomputed，linear 为线性核函数、poly 为多项式核函数、precomputed 表示自己提前计算好核函数矩阵。Verbose 表示启用详细输出，如果启用，可能无法在多线程环境中正常工作。代码如下：

```
from sklearn.svm import SVC
def svm_train(train_vecs,y_train,test_vecs,y_test):
    svm_t=SVC(kernel='rbf',verbose=True)
    svm_t.fit(train_vecs,y_train)
    print(svm_t.score(test_vecs,y_test))
```

5) 句子情感预测

模型训练完成后即可对文本情感进行预测。首先构建待预测句子的 Word2Vec 词向量和句子级向量，然后对单个句子进行情感判断。Joblib 是一组用于在 Python 中提供轻量级流水线的工具，具有并行计算、对 numpy 大型数组进行了特定优化的功能，能提高模型的运算速度。代码如下：

```
from sklearn.externals import joblib
# 构建待预测句子的 Word2Vec 词向量
def get_predict_vecs(words):
    n_dim = 300
    imdb_w2v = Word2Vec.load('svm_data/w2v_model/w2v_model.pkl')
    train_vecs = build_sentence_vector(words, n_dim,imdb_w2v)
    #print train_vecs.shape
    return train_vecs
# 对单个句子进行情感判断
def svm_predict(string):
    words=jieba.lcut(string)
    words_vecs=get_predict_vecs(words)
    clf=joblib.load('svm_data/svm_model/model.pkl')
    result=svm_t.predict(words_vecs)
```

```
    if int(result[0])==1:
        print (string,' positive')
    else:
        print(string,' negative')
#对输入句子情感进行判断
x_train,x_test = preprocessing ()
get_train_vecs(x_train,x_test)
train_vecs,y_train,test_vecs,y_test = get_data()
svm_train(train_vecs,y_train,test_vecs,y_test)
string1='这本书非常值得一读，对人生很有启发意义'。
string2='这个红酒的口感一般，并没有广告中所说的醇厚的果香味。'
svm_predict(string1)
svm_predict(string2)
```

输出：

[LibSVM]0.806680881307747
这本书非常值得一读，对人生很有启发意义。positive
这个红酒的口感一般，并没有广告中所说的醇厚的果香味。negative

上述例子对两个句子的情感进行了预测，其中"这本书非常值得一读，对人生很有启发意义。"这一句子为积极情感(positive)，"这个红酒的口感一般，并没有广告中所说的醇厚的果香味。"为负面情感(negative)，预测结果与两个句子的语义一致。

习 题 与 实 践

1. 分词的主要作用是什么？中英文分词有哪些区别？请说明中文自动分词中的"规则分词""统计分词"和 "混合分词"方法。

2. 去停用词的作用是什么？如何自定义中英文停用词表？

3. 什么是向量空间模型和 N-Gram？在文本分析中，它们有什么作用？

4. Word2Vec 解决了文本表示中的什么问题？Word2Vec 有哪些应用，如何实现？

5. 常用的主题模型有哪些，各有什么特点？请选择两种主题模型编程实现提取在线评论文本的主题，并比较两种模型的结果。

6. 什么是基于字符串的相似度分析，常用的计算方法有哪些？请选择一种方法编程实现。

7. 基于语料库和知识库的文本相似度分析有哪些区别与联系？请编写程序实现这两种方法。

8. 常用的中英文情感词典有哪些？请选择一种词典对电影评论进行情感分析。

9. 常用的基于机器学习的情感分析分类器有哪些？请选择一种分类器完成电子商务在线评论文本的情感分析。

10. 除了基于情感和基于机器学习的情感分析之外，还有哪些方法？请选择一种方法并实现情感分析。

第3章 文本可视化前端技术

文本可视化技术将文本分析的结果以图形化的方式进行直观展示。文本分析技术解决了文本预处理、文本表示、任务分析等问题。Web 前端技术可以将文本可视化的图表通过浏览器进行呈现，便于用户使用、查看与交互。其中涉及的主要技术包括 HTML、CSS、JavaScript、Canvas、SVG 等前端基础技术，以及 D3、ECharts 等数据可视化工具，本章将对这些内容进行重点介绍。

3.1 Web 前端技术

3.1.1 Web

Web(World Wide Web)是指 WWW 全球广域网，中文称为"万维网"。它起源于 1989 年 3 月，是由欧洲量子物理实验室(the EuropeanLaboratory for Particle Physics, CERN)针对 Internet 的新协议和一个使用该协议的文档系统演变产生的，目的在于使全球的科学家能够利用 Internet 交流自己的工作文档。Web 的表现形式是超文本(hypertext)和超级媒体(hypermedia)，通过 HTTP(HyperText Transfer Protocol)协议进行传输。超文本(hypertext)也称为超级文本，是美国学者德特•纳尔逊(Ted Nelson)于 1965 年自造的英语新词。纳尔逊对"超文本"的解释是："非相续性著述(non-sequential writing)，即分叉的、允许读者作出选择的、最好在交互屏幕上阅读的文本。"牛津英语词典(1993 年版)对"超文本"的解释是："一种并不形成单一系列、可按不同顺序来阅读的文本与图像，特别是那些可以让读者在特定点中断阅读以便参考相关内容的方式。"超级媒体是超文本和多媒体在信息浏览环境下结合的技术。用户不仅能从一个文本跳到另一个文本，而且可以激活一段声音，显示一个图形，甚至可以播放一段动画。

基于以上概念，可以将 Web 描述为：一种基于超文本和 HTTP 协议构建的动态交互、跨平台的分布式图形信息系统，为浏览者在 Internet 上查找和浏览信息提供了图形化的、易于访问的直观界面。一个完整的 Web 系统包括 WWW 服务器、浏览器、HTML 文件(Web 页面，网页)、HTTP、URL 协议五大要素。

1. WWW 服务器

WWW 服务器是指能够实现 WWW 服务功能的计算机，也称为 Web 站点。服务器上包含了许多称为 HTML 文件的 Web 页面，这些页面包含指向其他 Web 页面或其本身内部特定位置的超级链接。服务器信息资源主要是以网页的形式向外提供。访问者要查看 Web 站点上的信息，需使用 Web 浏览器软件(如 Microsoft 的 IE 或 Google 的 Chrome 等)，它们能将 Web 站点上的信息转换成用户显示器上的文本或图形。一旦浏览器连接到了 Web 站点，就会在电脑上显示有关信息。相对于服务器来说，浏览器称为 Web 的客户端。

一般来讲，一个 Web 站点由多个网页构成。每个 Web 站点上都有一个起始页，通常称其为主页或首页。这是一个特殊的页面，它是网站的入口页面，其中包含指向其他页面的超链接。通常主页的名称是固定的，一般使用 index 或 default 来命名主页，例如，index.html 或 default.html。

2. 浏览器

浏览器是用来检索、展示以及传递 Web 信息资源的应用程序。浏览器通常由地址栏、菜单栏、选项卡、页面窗口和状态栏组成。浏览器的种类很多，但主流的内核主要有四种，即 Trident 内核、Gecko 内核、WebKit 内核和 Presto 内核。Trident(又称为 MSHTML)，是微软开发的一种排版引擎，代表产品为 Internet Explorer，又称其为 IE 内核。Gecko 内核是一套开放源代码的、以 C++编写的网页排版引擎，是最流行的排版引擎之一(其仅次于 Trident)，代表浏览器有 Firefox、Netscape。WebKit 是一个开源项目，包含了来自 KDE 项目和苹果公司的一些组件，主要用于 Mac OS 系统，代表作品有 Safari、Chrome。Presto 是由 Opera Software 开发的浏览器排版引擎，代表作品为 Opera。

3. HTML 文件

HTML 文件是由 HTML(Hyper Text Markup Language，超文本标记语言)描述的 Web 页面。HTML 以标记的形式，定义 Web 页面的结构，并说明页面内容的类型及格式，如文本、图像、视频、音频、动画等。HTML 包括标题、段落、表格、图像、列表、表单、视频等多种标记，HTML 文件通常保存为.html 格式。

4. HTTP

WWW 服务器和 WWW 客户机之间是按照文本传输协议 HTTP 互传信息的。HTTP 协议制定了 HTML 文档运行的统一规则和标准，它是基于客户端请求、服务器响应的工作模式，主要由 4 个环节组成：客户端与服务器建立连接；客户端向服务器发出请求；服务器接受请求，向服务器发送响应；客户端接收响应，客户端与服务器断开连接。这一过程就好比打电话一样，打电话者一端为客户端，接电话者一端为服务端。

5. URL

URL 是指统一资源定位器(Uniform Resource Locators)，Web 浏览器通过 URL 从 Web 服务器请求页面，定位万维网上的文档。URL 包含协议、服务器名称(或 IP 地址)、路径及其他参数等，其格式为：protocol :// hostname[:port] / path / [;parameters][?query]#fragment。地址中各部分的含义如下：

(1) protocol：指传输协议，一般为 HTTP 协议。

(2) hostname：指存放资源的服务器的域名系统(DNS)主机名或 IP 地址。有时，在主机名前也可以包含连接到服务器所需的用户名和密码(格式为 username:password)。

(3) path(路径)：由零或多个 "/" 符号隔开的字符串，一般用来表示主机上的一个目录或文件地址。

(4) ;parameters(参数)：用于指定特殊参数的可选项。

(5) ?query(查询)：可选，用于给动态网页(如使用 CGI、ISAPI、PHP/JSP/ASP/http: //ASP. NET 等技术制作的网页)传递参数，可有多个参数，用"&"符号隔开，每个参数的名和值用"="符号隔开。

(6) fragment(信息片断)：字符串，用于指定网络资源中的片断。例如，一个网页中有多个名词解释，可使用 fragment 直接定位到某一名词解释。

3.1.2   前端技术

前端技术是从"网页制作"演变而来的，其在名称上有很明显的时代特征。在互联网的演化进程中，网页制作是 Web1.0 时代(2005 年之前)的产物，早期网站主要是静态内容，以图片和文字为主，用户使用网站的行为也以浏览为主，不像现在可以在大多数网页中进行评论交流(跟服务器进行数据交互)。

从 2005 年开始，互联网进入了 Web 2.0 时代，仅仅由图片和文字组成的静态页面已经远远满足不了用户的需求了。在 Web 2.0 时代，网页可以分为两种：一种是静态页面；另一种是动态页面。静态页面仅仅供用户浏览，用户无法与服务器进行交互；而动态页面不仅可以供用户浏览，还可以让用户与服务器进行交互。换句话来说，动态页面是在静态页面的基础上增加了用户与服务器交互的功能。举个简单的例子，如果你想登录微信，就得输入账号和密码，或者扫一扫二维码，服务器会对你的账号信息进行验证，验证通过后才可以登录。

随着互联网技术的发展和 HTML5、CSS3 的应用，现代网页更加美观，交互效果显著，功能更加强大。"网页制作"也演变为现在的"前端开发"。前端开发是创建 Web 页面或 App 等前端界面呈现给用户的过程，通过 HTML、CSS 和 JavaScript 以及衍生出来的各种技术、框架、解决方案，实现互联网产品的用户界面交互。前端技术包括 HTML、CSS、JavaScript 等核心技术，以及各类 UI 框架，JS 类库，如 Bootstrap、Vue.js、Element UI 等。在可视化领域中，也出现了一批前端可视化框架，如 ECharts、D3、AntV、Highcharts、Vega 、G2 等。

3.2   HTML 技 术

HTML 技术诞生于 20 世纪 90 年代初，是由 Web 的发明者 Tim Berners-Lee 及其同事 Daniel W. Connolly 于 1990 年创立的一种标记语言。HTML 由各类标签构成，可以将影像、声音、图片、文字动画、影视等内容在浏览器中显示出来。下面就是一个简单的 HTML 文档：

```
<html>
<head>
    <title>页面标题</title>
</head>
<body>
```

```
        <h1>页面标题</h1>
        <p>body 元素的内容会显示在浏览器中</p>
    </body>
    </html>
```

可以看出，HTML 文档包含了各类标签元素，描述了网页的结构、内容及附加信息。例如，<html>根元素标签、<head>头部元素标签、<body>内容元素标签描述了整个网页的结构；<title> 标题元素标签描述了网页的标题；<h1>和<p>标签描述了需要在浏览器中显示的内容大标题及段落文本。

在文本可视化中，HTML 技术可以用于描述可视化页面的结构，说明可视化内容的类型及格式，下面将对 HTML 的版本、内容结构、元素、属性及标签进行介绍。

3.2.1 HTML 版本

HTML 有着悠久的历史，自从 20 世纪 90 年代初作为互联网工程工作小组(IETF)工作草案发布后，目前已经发展到了 HTML 5。HTML 历史上有如下版本：

(1) HTML 草案：1993 年 6 月，该版本被作为互联网工程工作小组(IETF)工作草案发布，但这并非标准。当时有众多不同版本的 HTML 陆续在全球使用，但是始终未能形成一个有相同标准的版本。因此，HTML 没有 1.0 版本。

(2) HTML 2.0：1996 年，HTML 2.0 是由 Internet 工程工作小组的 HTML 工作组开发的。2000 年 6 月，XHTML 发布之后，HTML 2.0 被宣布已经过时。

(3) HTML 3.2：HTML 3.2 作为 W3C 标准发布于 1997 年 1 月 14 日。与 HTML 2.0 标准相比，HTML 3.2 添加了被广泛运用的特性，如字体(font 标签)、表格(table 标签)、applets、围绕图像的文本流，上标和下标。

(4) HTML 4.0：作为一项 W3C 推荐标准，HTML 4.0 于 1997 年 12 月 18 日发布。HTML 4.0 最重要的特性是引入了样式表(CSS)。

(5) HTML 4.01：作为一项 W3C 推荐，HTML 4.01 于 1999 年 12 月 24 日发布。HTML 4.01 是对 HTML 4.0 的一次较小的更新，是对后者进行了修正和漏洞修复。

20 世纪 90 年代是 HTML 发展速度最快的时期，但是自 1999 年发布了 HTML4.01 后，业界普遍认为 HTML 的发展已经步入了瓶颈期。W3C 组织表示不会继续发展 HTML，而是将 Web 标准的焦点转向 XHTML 上，以便能更好地支持平板电脑、手机等移动端设备。

(6) XHTML 1.0：作为一项 W3C 推荐标准，于 2000 年 1 月 20 日发布。XHTML1.0 使用 XML 对 HTML 4.01 重新进行了表示，是将 HTML 4.01 平稳迁移到 XML 的应用。但是，XHTML 1.0 依然依赖于 HTML 4.01 标签所提供的语义。

(7) XHTML 1.1：模块化的 XHTML 于 2001 年 5 月 31 日发布。由于小型设备(如移动电话)无法支持 XHTML 的全部功能。因此，XHTML 1.1 对 XHTML 进行了模块化的处理，将规范划分为具备有限功能的模块。例如，小型浏览器可以通过支持选定的模块来降低其复杂性。

(8) XHTML 2.0：XHTML 2.0 被称为未来的 HTML，其在 2006 年 7 月 26 日作为 W3C 的一项工作草案被提出。XHTML 2.0 的完成度很低，内容也不标准，而且此后的工作进展很迟缓，有的问题没有统一的意见，没有形成最终的标准。

2004 年，Apple、Google、IBM、Microsoft、Mozilla 等厂商联合成立了 WHATWG(Web Hypertext Application Technology Working Group)工作组，致力于 Web 表单和应用程序标准的制定。而此时的 W3C 组织专注于 XHTML2.0 的研发。2006 年，W3C 组织组建了新的 HTML 工作组，采纳了 WHATWG 的意见，并于 2008 年发布了 HTML5。

(9) HTML 5：W3C 组织于 2008 年 1 月 22 日发布了 HTML 5 工作草案，并在 2014 年 10 月 28 日推荐 HTML 5 成为了新的 HTML 标准。HTML 5 改进了互操作性，增加了嵌入音频、视频、图形功能、客户端数据存储、交互式文档等新的特性，是公认的下一代 Web 语言。HTML 5 极大地提升了 Web 在富媒体、富内容和富应用等方面的能力，其被喻为终将改变移动互联网的重要推手。

3.2.2　HTML 内容结构

HTML 的核心功能就是让你“标记”内容，进而给出结构。图 3.1 所示为原始文本。

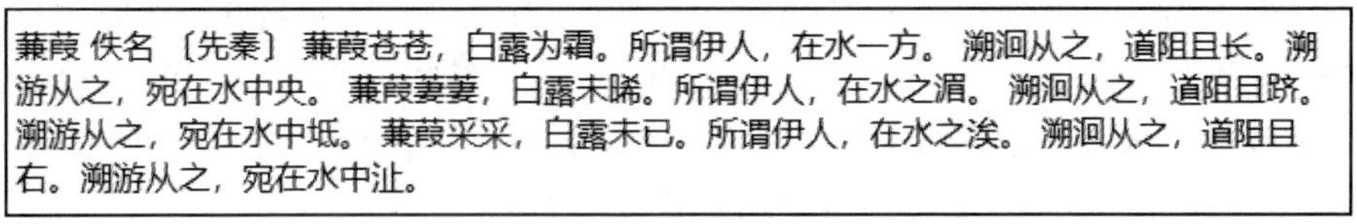
蒹葭 佚名〔先秦〕 蒹葭苍苍，白露为霜。所谓伊人，在水一方。 溯洄从之，道阻且长。溯游从之，宛在水中央。 蒹葭萋萋，白露未晞。所谓伊人，在水之湄。 溯洄从之，道阻且跻。溯游从之，宛在水中坻。 蒹葭采采，白露未已。所谓伊人，在水之涘。 溯洄从之，道阻且右。溯游从之，宛在水中沚。

图 3.1　原始文本

从文本可以知道，这是中国古代诗歌总集《诗经》中的《蒹葭》，但因排版结构比较混乱，读起来比较费劲。而通过 HTML 标签定义了内容的结构以后，就可以很好地区分标题、作者和正文，如图 3.2 所示。

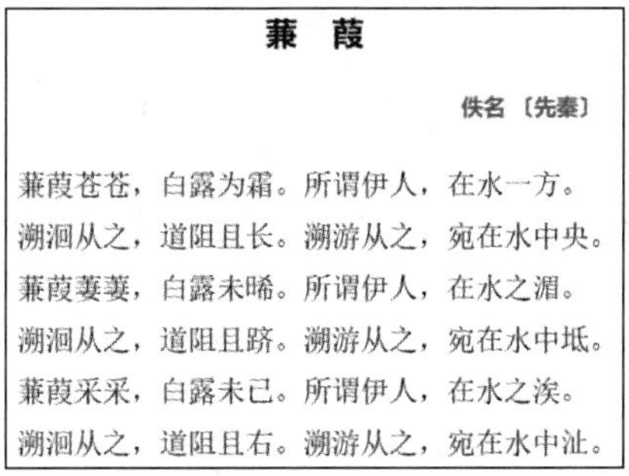
蒹　葭

佚名〔先秦〕

蒹葭苍苍，白露为霜。所谓伊人，在水一方。
溯洄从之，道阻且长。溯游从之，宛在水中央。
蒹葭萋萋，白露未晞。所谓伊人，在水之湄。
溯洄从之，道阻且跻。溯游从之，宛在水中坻。
蒹葭采采，白露未已。所谓伊人，在水之涘。
溯洄从之，道阻且右。溯游从之，宛在水中沚。

图 3.2　HTML 标签定义后的文本

由此可见，HTML 就是为内容添加语义结构(或者说层次、关系和含义)的一种工具，指明哪些是一级标题，哪些是子标题，哪些是正文。除了标题、段落之外，HTML 还可以通过无序列表、有序列表、定义列表、表格、框架来描述内容的结构，如图 3.3 所示。

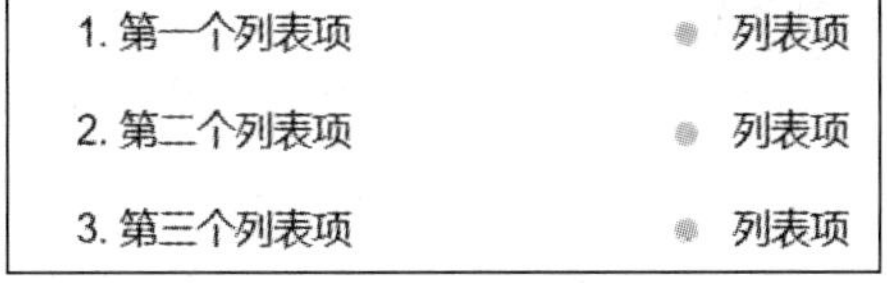

图 3.3　有序列表和无序列表

3.2.3 HTML 元素

HTML 元素指的是从开始标签(start tag)到结束标签(end tag)的所有代码和内容。HTML 元素以开始标签起始，以结束标签终止。HTML 元素的内容是开始标签与结束标签之间的内容，部分 HTML 元素具有空内容(empty content)。下面的例子包含了四个 HTML 元素。

```
<html>
<body>
    <h1>这是一个大标题</h1>
    <p>这是一个段落</p>
</body>
</html>
```

"<p>这是一个段落</p>"是一个<p>元素。这个<p>元素定义了 HTML 文档中的一个段落，这个元素包括一个开始标签<p>、一个结束标签</p>，元素的内容是"这是一个段落"。"<h1>这是一个大标题</h1>"是一个<h1>元素，结构与<p>元素类似。<body>元素包括开始标签和结束标签，内容是<h1>元素和<p>元素。<html>元素同样包含开始标签和结束标签，其内容是<body>元素、<h1>元素和<p>元素。

没有内容的 HTML 元素被称为空元素，空元素是在开始标签中被关闭的。例如，换行标签
、图像标签<img>就是没有关闭标签的空元素。在 XHTML、XML 版本的 HTML 中，所有元素都必须被关闭。关闭元素的主要方法是在开始标签中添加斜杠，如
。需要注意的是，在所有浏览器中，
也都是有效的。

HTML 元素可以分为块级元素和内联元素两种。块级元素独占一行，内联元素则排在同一行，直到排不下时才换行。常用的块级 HTML 元素如<h1>-<h6>、<p>、<div>等，内联元素如图像<img>、节<span>等。块级元素和内联元素的区别如表 3-1 所示。

表 3-1 块级元素和内联元素的区别

块级元素	内联元素
独占一行，默认情况下，其宽度自动填满其父元素宽度	相邻的行内元素会排列在同一行里，直到一行排不下，才会换行，其宽度随元素的内容而变化
可以设置 width，height 属性	行内元素设置 width，height 属性无效
可以设置 margin 和 padding 属性	行内元素起边距作用的只有 margin-left、margin-right、padding-left、padding-right，其他属性不会起边距效果
对应于显示属性为 display:block	对应于显示属性为 display:inline;

3.2.4 HTML 属性

在 HTML 标签中可以设置属性，属性为元素提供附加信息。HTML 属性一般在开始标签中描述，并总是以名称/值对的形式出现，如 name="value"。属性和属性值对大小写不敏感，属性值应该始终被包括在引号内。HTML 属性可分为私有属性、全局属性(标准属性)和事件属性。

1．私有属性

私有属性是指某个标签或少数标签所特有的属性。例如，用于<h1>-<h6>、<p>等标签的对齐属性 align，用于<a>标签的链接地址属性 href，用于<meta>标签的 charset 属性等。以下是一些标签私有属性的实例。

1）align 属性

```
<h3 align="center">对齐属性</h3>
```

align 属性用于设置<h1>-<h6>标题的对齐方式，属性值有 left(左齐)、center(居中)、right(右齐)、justify(齐行)。可以使用 align 属性的标签还有<p>、<div>、<hr>等。

2）href 属性

```
<a href="http://www.baidu.com">百度</a>
```

href 属性用于设置超链接的地址，上例中将"百度"链接到其官网上，通过单击就可以访问百度官网。可以使用 href 属性的标签还有<link>、<base>等。

```
<link rel="stylesheet" type="text/css" href="theme.css" />
```

```
<base href="http://www.baidu.com" target="_blank">
```

link 标签中的 href 属性用于链接 CSS 样式的外部文件"theme.css"，<base>标签中的 href 属性用于设置页面上所有链接的默认 URL 和默认目标。

3）charset 属性

```
<meta charset="character_set">
```

charset 属性可以用于规定 HTML 文档的字符编码，属性值 character_set 是字符编码的类型，常用的值有 UTF-8 字符编码、ISO-8859-1 拉丁字母表的字符编码等，其中 UTF-8 是 HTML 5 的默认编码。

2．全局属性

全局属性(标准属性)是指可在大多数 HTML 元素中使用的属性，除了少数标签。全局属性可以分为核心属性、语言属性和键盘属性三种。

1）核心属性(Core Attributes)

核心属性包括 class、id、style、title 属性，如表 3-2 所示。需要注意的是，以下标签不提供核心属性：base、head、html、meta、param、script、style 以及 title 元素。

表 3-2　HTML 核心属性

属　　性	值	描　　述
class	classname	规定元素的类名
id	id	规定元素的唯一 id
style	style_definition	规定元素的行内样式(inline style)
title	text	规定元素的额外信息(可在工具提示中显示)

(1) class 属性规定元素的类名(classname)，class 属性大多数时候用于指向样式表中的类(class)。不过，也可以利用它通过 JavaScript 来改变带有指定 class 的 HTML 元素。例如：

```
<h1 class="intro">Header 1</h1>
```

上例在<h1>标签中引用了名为"intro"的类，"intro"类可以在样式表中用作定义的样式。

(2) id 属性规定元素的唯一 id，即 id 在 HTML 文档中必须是唯一的。id 属性可用作链接锚(link anchor)，通过 JavaScript(HTML DOM)或通过 CSS 为带有指定 id 的元素改变或添加样式。例如：

```
<h1 id="myHeader">Hello World!</h1>
```

上例在<h1>标签中引用了名为"myHeader"的类 id，"myHeader"可以在样式表中用作定义的样式。

(3) style 属性规定元素的行内样式(inline style)，style 属性将覆盖任何全局的样式设定，在<style>标签或在外部样式表中规定样式。例如：

```
<h1 style="color:blue;text-align:center">This is a header</h1>
```

上例在<h1>标签中使用了 style 属性，对标签中内容的颜色及文本对齐方式进行了设置。style 属性和值要放在双引号中，属性关键字和属性值之间用冒号进行关联，多个属性和值之间用分号隔开。

(4) title 属性用于规定元素的额外信息，这些信息通常会在鼠标移到元素上时显示一段工具提示文本(tooltip text)。例如：

```
<abbr title="People's Republic of China">PRC</abbr> was founded in 1949.
```

上例在<abbr>标签中使用的<title>属性，对 PRC 进行解释，当鼠标移动到 PRC 上时，会出现提示"People's Republic of China"。<abbr>标签指示简称或缩写，如"WWW" 或 "NATO"。通过对缩写进行标记能够为浏览器、拼写检查和搜索引擎提供有用的信息。

2) 语言属性(Language Attributes)

语言属性用于设置 HTML 中文本的方向、语言代码，如表 3-3 所示。需要注意的是，以下标签不提供语言属性：base、br、frame、frameset、hr、iframe、param 以及 script 元素。

表 3-3   HTML 语言属性

属 性	值	描 述
dir	ltr | rtl	设置元素中内容的文本方向
lang	language_code	设置元素中内容的语言代码
xml:lang	language_code	设置 XHTML 文档中元素内容的语言代码

(1) dir 属性规定元素内容的文本方向，属性值为 ltr(从左向右)和 rtl(从右向左)。例如：

```
<p dir="rtl">写这个段落从右向左!</p>
```

上例中 dir 属性的值设置为"rtl"，最终文本的方向为从右边向左。

(2) lang 属性规定元素内容的语言，这对搜索引擎和浏览器是非常有帮助的。根据 W3C 推荐标准，可以通过<html>标签中的 lang 属性对每张页面中的主要语言进行声明，例如：

```
<html lang="en"><head></head></html>
```

上例声明了网页的语言属性为"en"(英文)。lang 属性的值还可以是中文(zh)、意大利文(it)、日文(ja)等。

(3) 在 XHTML 中，可以采用如下方式在<html>标签中对语言进行声明：

```
<html xmlns="http://www.w3.org/1999/xhtml" lang="en" xml:lang="en">

<head>

</head>

</html>
```

3) 键盘属性(Keyboard Attributes)

键盘属性用于设置通过键盘访问网页元素的方法，主要有 accesskey 属性和 tabindex 属性，如表 3-4 所示。

表 3-4　HTML 键盘属性

属　　性	值	描　　述
accesskey	character	设置访问元素的键盘快捷键
tabindex	number	设置元素的 Tab 键控制顺序

(1) accesskey 属性规定激活(使元素获得焦点)元素的快捷键。例如：

```
<a href="http://www.baidu.com" accesskey="h">百度</a><br />
<a href="http://www.sina.com.cn" accesskey="c">新浪</a>
```

上例为百度和新浪两个超链接分别设置的快捷键"h"和"c"，可以使用"Alt + h"和"Alt + c"来访问带有两个超链接元素。

(2) tabindex 属性规定元素的 tab 键控制顺序(当 tab 键用于导航时)，其语法格式为 <element tabindex="number">。例如：

```
<a href="http:// www.baidu.com" tabindex="2">百度</a>
<a href="http:// /www.sina.com.cn " tabindex="1">新浪</a>
<a href="http://www.163.com/" tabindex="3">网易</a>
```

上例分别设置了访问三个超链接元素的 tab 键顺序依次为 1、2、3，通过 tab 键即可以将焦点定位在新浪、百度、网易文本上。

3. 事件属性

事件属性可以让 HTML 事件触发浏览器预设行为，如当用户单击某个 HTML 元素时启动一段 JavaScript 命令。HTML 事件属性可以分为窗口(Window)事件属性、表单(Form)事件属性、键盘(Keyboard)事件属性、鼠标(Mouse)事件属性和媒体(Media)事件属性。

1) 窗口(Window)事件属性

Window 事件属性是针对 Window 对象触发的事件，主要应用<body>标签。Window 事件属性包括 onload、onresize、onunload 等近 20 个属性。例如，onload 属性用于当 HTML 页面被加载时执行 JavaScript 脚本；onresize 属性用于当浏览器窗口尺寸改变时执行 JavaScript 脚本。Window 事件属性的应用方法如下：

```
<body onload="load()">
<body onresize="showMsg()">
<body onunload="goodbye()">
```

onload 属性在对象已加载时触发。

onload 常用在<body>中，一旦完全加载所有内容(包括图像、脚本文件、CSS 文件等)，就执行一段脚本。上例中定义了页面加载后执行 JavaScript 函数 load()，浏览器窗口尺寸改变时执行函数 showMsg()，页面卸载(如关闭浏览器)时执行函数 goodbye()。

2) 表单(Form)事件属性

Form 事件属性是由 HTML 表单内的动作触发的事件属性，如当元素获得焦点

(onfocus)、失去焦点(onblur)、元素内文本被选中(onselect)或被改变时(onchange)运行的脚本。Form 事件属性运用的方法如下：

```
<input type="text" id="fname" onfocus="setStyle(this.id)">
<input type="text" name="fname" id="fname" onblur="upperCase()">
<input type="text" onselect="showMsg() value="Hello world!">
<input type="text" name="txt" value="Hello" onchange="checkField(this.value)">
```

　　onfocus 属性在元素获得焦点时触发，通常用于<input>、<select>和<a>元素。上例中当输入文本框获得焦点时，调用 setStyle(this.id)函数，改变当前文本输入框的样式。onblur 属性在元素失去焦点时触发，常用于表单验证代码。例如，当用户离开输入字段时对其进行验证，上例中当输入文本框失去焦点时，执行 upperCase()函数。onselect 属性表示当<input>元素内的文本被选中后执行一段 JavaScript，可用的元素包括：<input type="file">、<input type="password">、<input type="text">、<keygen>以及<textarea>。onchange 属性在元素值改变时触发，适用于<input>、<textarea>以及<select>元素。

　　3) 键盘(Keyboard)事件属性

　　Keyboard 事件属性通过键盘触发事件。Keyboard 事件属性包括 onkeydown、onkeypress 和 onkeyup，分别表示当按下按键、按下并松开按键、松开按键时运行脚本。Keyboard 事件属性的用法如下：

```
<input type="text" onkeydown="displayResult()">
<input type="text" onkeypress="displayResult()">
<input type="text" onkeyup="displayResult()">
```

当事件触发时执行 displayResult()函数。

　　4) 鼠标(Mouse)事件属性

　　Mouse 事件属性通过鼠标触发事件，常用的事件有单击(onclick)、双击(ondblclick)、按下(onmousedown)、指针移动(onmousemove)、指针移至元素之上(onmouseover)等。这些事件属性的用法如下：

```
<button onclick="copyText()">复制文本</button>
<button ondblclick="copyText()">复制文本</button>
<p onmousedown="mouseDown()">Click the text!</p>
<img onmousemove="bigImg(this)" src="smiley.gif" alt="Smiley">
<img onmouseover="bigImg(this)" src="smiley.gif" alt="Smiley">
```

　　除了上述鼠标事件属性之外，还有鼠标滚动元素的滚动条(onscroll)、拖动元素(ondrag)、鼠标滚轮滚动(onmousewheel)等。

　　5) 媒体(Media)事件属性

　　Media 事件属性是指通过视频(videos)、图像(images)或者音频(audio)触发该事件，多应用于 HTML 媒体元素，如<audio>、<embed>、<img>、<object>和<video>。常用的 Media 事件属性有播放(onplay)、暂停(onpause)、终止(onabort)、音量改变(onvolumechange)等，其用法与上述 Form 事件和 Mouse 事件属性相似。

3.2.5　HTML 标签

HTML 标签类型丰富、数量众多，据统计，HTML 4.01 标签共有 89 个，HTML 5 共有 124 个。以 HTML 5 为例，从功能上可以将其分为基础标签、格式化标签、表单标签、框架标签、图像标签、程序标签以及样式和语义标签等。

1. 基础标签

基础标签用于声明 HTML 文档类型，定义 HTML 页面的框架，说明页面内容的类型与结构等。基础标签主要包括<!DOCTYPE>、<html>、<head>、<body>、<h1>－<h6>、<p>、
、<!--...-->等。

1) <!DOCTYPE>

<!DOCTYPE>是一个声明(Document Type Declaration，DTD)，位于文档中的最前面的位置，处于<html>标签之前。<!DOCTYPE>声明不是一个 HTML 标签，是用来告知 Web 浏览器页面使用了哪种 HTML 版本。在 HTML5 中规定了一种类型：<!DOCTYPE html>。

HTML 4.01 规定了三种不同的<!DOCTYPE>声明，分别是：Strict(严格的)、Transitional(过渡的)和 Frameset(框架)。HTML 4.01 Strict 声明规定了严格的 HTML 类型，包含所有 HTML 元素和属性，但不包括展示性或弃用的元素(如 font)，框架集(Framesets)是不允许的。HTML 4.01 Strict 声明的格式如下：

```
<!DOCTYPE HTML PUBLIC "-//W3C//DTD HTML 4.01//EN" "http://www.w3.org/T R/html4/strict.dtd">
```

HTML 4.01 Transitional 是一种过渡的文档类型，包含所有 HTML 元素和属性，且包括展示性和弃用的元素(如 font)。与 HTML 4.01 Strict 一样，框架集是不允许的。HTML 4.01 Transitional 声明的格式如下：

```
<!DOCTYPE HTML PUBLIC "-//W3C//DTD HTML 4.01 Transitional//EN"

"http://www.w3.org/TR/html4/loose.dtd">
```

HTML 4.01 Frameset 与 HTML 4.01 Transitional 相似，包含所有 HTML 元素和属性，且包括展示性和弃用的元素(如 font)，但允许使用框架集内容。

2) <html>

<html>标签用于告知浏览器其自身是一个 HTML 文档，是 HTML 页面的根元素。<html>标签是一个双标签，由开始标签<html>和结束标签</html>两个部分组成。通常，<html>标签中包含了文档的头部和主体，其中头部由<head>定义，主体由<body>定义。<html>用法如下：

```
<!DOCTYPE html>

<html>

  <head>

  这里是文档的头部

  </head>

  <body>

  这里是文档的主体

  </body>
```

```
</html>
```

3) `<head>`

`<head>`标签用于定义文档的头部，是所有头部元素的容器。文档的头部描述了文档的各种属性和信息，包括文档的标题、在 Web 中的位置以及和其他文档的关系等，这些信息通常不在浏览器中显示。`<head>`中的元素还可以引用脚本、指示浏览器在哪里找到样式表、提供元信息等。`<head>`标签是一个双标签，由开始标签`<head>`和结束标签`</head>`两部分组成。`<head>`标签的用法如下：

```
<head>
    <title>文档的标题</title>
    <meta charset="utf-8">
    <style type='text/css'>
        body{
        font-size: 16px;
        }
        …
    </style>
    <script src="echarts.min.js"></script>
</head>
```

上例中，`<head>`包含了`<title>`、`<meta>`、`<style>`、`<script>`四个元素，`<title>`设置了网页的标题，`<meta>`定义网页的编码为 utf-8，`<style>`用于定义网页的 CSS 样式集合，这些样式将会在 HTML 标签中使用。`<script>`引用了外部 JavaScript 文件 echarts.min.js，是 ECharts 的开源可视化库。

4) `<body>`

`<body>`标签用于定义文档的主体，包含文档的所有内容，如文本、图像、表格、列表、超链接、音视频等，这些内容会在浏览器中显示出来。`<body>`标签的用法如下：

```
<body>
    <div>这是一个 div 块</div>
    <p>这是一个段落</>
    <h2>这是一个标题</h2>
</body>
```

`<body>`是一个双标签，上例代码在`<body>`标签中包含了`<div>`块、`<p>`段落和`<h2>`标题元素，这些内容用于在浏览器中呈现。

5) `<!--...-->`

`<!--...-->`是注释标签，用于在源代码中插入注释，但注释不会显示在浏览器中。使用注释对代码进行解释有助于以后编辑代码。例如，在团队协作时有利于其他成员能够更好地理解代码。注释标签的用法如下：

```
<!--这是一段注释。注释不会在浏览器中显示。-->
<p>这是一段普通的段落。</p>
```

2. 格式化标签

格式化标签用于对文本进行格式化。例如，格式化标签可以设置文本的字体、颜色、字号等，也可定义文本的加粗、斜体、缩写、注音、强调、预定义等。在 HTML 4.01 以下的版本中，常采用<font>标签定义文本字体、字号、颜色等，但该标签随着 CSS 的出现已经在 HTML 4.01 版本中被废弃，HTML 5 也不再支持<font>标签。此外，<strike>标签(用于定义加删除线的文本)和<center>标签(用于居中文本)，同样在 HTML 4.01 版本中被废弃，HTML 5 也不再支持此两类标签。本小节将介绍在 HTML 4.01 及以上版本仍在使用的格式化标签。

1) <b>和<strong>

<b>标签用于定义粗体的文本。根据 HTML 5 规范，<b>标签应该作为最后的选择，即只有在没有其他标记比较合适时才使用它。HTML 5 规范声明：标题应该用<h1> - <h6>标签表示，被强调的文本应该用<em>标签表示，重要的文本应该用<strong>标签表示，被标记的或者高亮显示的文本应该用 <mark> 标签表示。<b>和<strong>标签的显示用法如下：

```
<p>这是一个普通的文本- <b>这是一个加粗文本</b>。</p>
<p>这是一个普通的文本- <strong>这是一个重要文本。</strong></p>
```

加粗和强调后的效果如图 3.4 所示，可以发现<b>和<strong>标签的显示效果相同。

这是一个普通的文本- **这是一个加粗文本。**

这是一个普通的文本- **这是一个重要文本。**

图 3.4　加粗和强调后的效果图

2) <i>和<em>

<i>和<em>标签都用于定义斜体文本。<i>标签用来定义与文本中其余部分不同的部分，并把这部分文本呈现为斜体文本，常被用来表示科技术语、其他语种的成语俗语、想法、宇宙飞船的名字等。在没有其他适当语义的元素可以使用时，通常使用<i>元素。<em>标签是一个短语标签，用来呈现被强调的文本。<i>和<em>标签的用法如下：

```
<p>他将他的车命名为<i>闪电</i>, 因为它的速度非常快.</p>
```

图 3.5 所示为格式化结果，“闪电”呈现为斜体，可见<i>和<em>标签的显示效果上是相同的。

他将他的车命名为*闪电*, 因为它的速度非常快.

他将他的车命名为*闪电*, 因为它的速度非常快.

图 3.5　格式化结果的效果图

3) <mark>

<mark>标签用来定义带有记号的文本，用于在需要突出显示文本。如图 3.6 所示，<mark>标签对“牛奶”两个字进行了高亮显示。<mark>标签的用法如下：

```
<p>今天不要忘记买<mark>牛奶</mark>。</p>
```

今天不要忘记买 牛奶。

图 3.6　高亮显示效果图

4) <progress>

<progress>标签用于定义运行中的任务进度(进程)，通常与 JavaScript 一起使用来显示任务的进度。<progress>标签的用法如下：

```
下载进度为：<progress value="22" max="100"></progress>
```

属性 max 设置任务进度的最大值，如 100 表示总共 100%，value 是指当前的任务进度，"22"为任务完成了 22%，下载进度效果如图 3.7 所示。

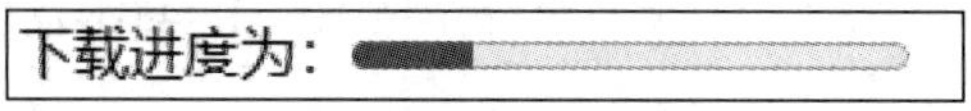

图 3.7   下载进度效果

5) <ruby>

<ruby>标签定义 ruby 注释，如中文注音或字符。<ruby>标签通常与<rt>和<rp>标签一起使用。<rp>标签在 ruby 注释中使用，用来定义不支持 ruby 元素的浏览器所显示的内容。<rt>标签定义字符的解释或发音。例如：

```
<ruby>
    汉<rp>(</rp><rt>Han</rt><rp>)</rp>
    字<rp>(</rp><rt>zi</rt><rp>)</rp>
</ruby>
```

注音的效果如下：

```
Han zi
汉字
```

目前，大多数浏览器都支持<ruby>标签。若将<rp>元素去除也能实现相同的效果，代码如下：

```
<ruby>
    汉<rt>Han</rt>
    字<rt>zi</rt>
</ruby>
```

6) <pre>

<pre>标签可定义预格式化的文本，被包围在 pre 元素中的文本通常会保留空格和换行符，并且文本会呈现为等宽字体形式。该标签的一个常见应用是表示计算机的源代码，也可以用于排版诗词。pre 元素中允许的文本可以包含物理样式和基于内容的样式变化，还有链接、图像和水平分隔线。如<a>标签放到<pre>块中时，就像把其他标签放在 HTML/XHTML 文档的其他部分中一样。例如：

```
<pre>
    <b>关雎</b>
    佚名〔先秦〕
    关关雎鸠，在河之洲。窈窕淑女，君子好逑。
    参差荇菜，左右流之。窈窕淑女，寤寐求之。
    求之不得，寤寐思服。悠哉悠哉，辗转反侧。
```

```
        参差荇菜，左右采之。窈窕淑女，琴瑟友之。
        参差荇菜，左右芼之。窈窕淑女，钟鼓乐之。
</pre>
```

上例中使用<pre>标签定义了《诗经》中的著名诗篇《关雎》，其中只用了<b>标签对诗的题目进行加粗，其他的格式通过键盘的空格(Backspace)与换行符(回车)来调节，通过<pre>预格式化处理，其呈现的效果如图 3.8 所示。

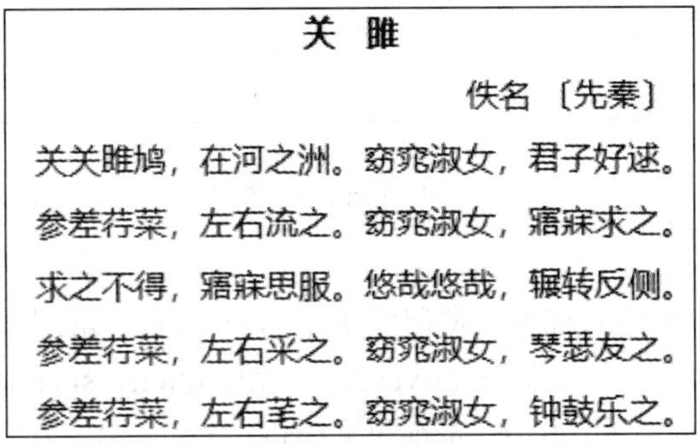

图 3.8　效果图

3. 表单标签

HTML 表单用于搜集不同类型的用户输入，HTML 表单包含 input 元素、复选框、单选按钮、提交按钮等不同类型的表单元素。

1) form

<form>标签用于创建供用户输入的 HTML 表单，是整个表单的容器。<form>标签包括 action、method、target、name、accept-charset 等属性，规定如何处理表单信息。<form>标签的用法如下：

```
<form action="demo-form.php" method="get" name=" user_registration" autocomplete="on">
<fieldset>
  <legend>用户注册</legend>
  用户名:<input type="text" name="username"><br>
  邮箱号: <input type="email" name="email"><br>
  <input type="submit">
</fieldset>
</form>
```

上例创建了一个表单，<form>标签定义了表单的框架或容器，其中包含三个<input>表单元素，类型分别为"text""email""submit"，依次表示文本、邮箱和提交按钮。<form>标签具有 action、method、name 和 autocomplete 四个属性。

(1) action 属性规定当提交表单时向何处发送表单数据，此例中该任务交由"demo-form.php"来处理。"demo-form.php"文件能接收表单的信息，并将其记录在服务器端数据库中，或者在其他页面上输出。

(2) method 属性规定用于发送表单数据的 HTTP 方法，可以是"get"或"post"，"get"将表单数据(form-data)以名称/值对的形式附加到 URL 中：URL?name=value&name=value；

"post"以 HTT 事务的形式发送表单数据。

(3) name 属性规定表单的名称。

(4) autocomplete 属性规定是否启用表单的自动完成功能。form 表单效果如图 3.9 所示。

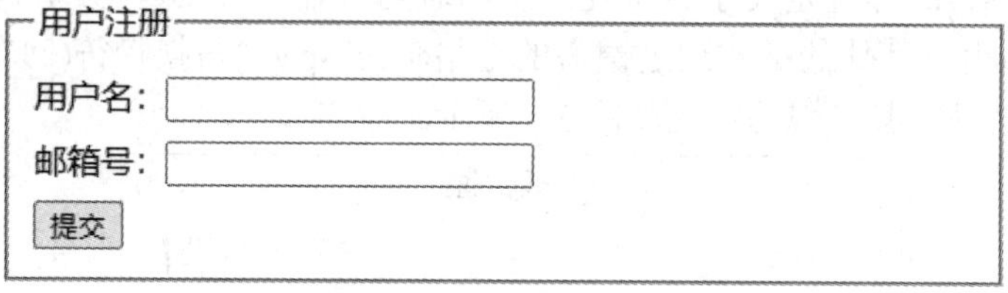

图 3.9　form 表单效果

2) input

<input>标签定义一个输入控件,类型取决于 type 属性。常用的类型有文本输入(text)、单选(radio)和多选(checkbox)、密码(password)、按钮(button、submit、reset)、邮箱(email)、颜色(color)、日期(date)、时间(time)、本地时间(datetime-local)、月份(month)、文件(file)等。下面以颜色(color)和日期(date)控件为例说明<input>标签的用法:

```
<input type="color" name="color">
<input type="data" name="data">
```

颜色(color)控件允许用户选取颜色,日期(date)控件可以设置当前的时期,效果如图 3.10所示。

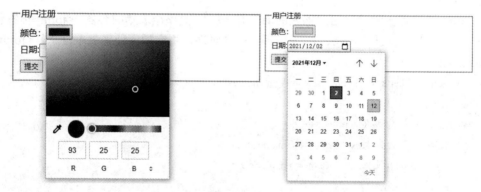

图 3.10　颜色(color)和日期(date)控件

3) label

<label>标签为 input 元素定义标注(标记)。label 元素不会向用户呈现任何特殊效果,但它为鼠标用户改进了可用性。如果用户在 label 元素内单击文本,就会触发此控件。也就是说,当用户选择该标签时,浏览器就会自动将焦点转到和标签相关的表单控件上。<label>标签通过 for 属性与相关元素的 id 属性建立关联。例如:

```
<form action="demo-form.php" method="get" name=" user_registration" autocomplete="on">
    <fieldset>
        <legend>用户注册</legend>
        用户名: <input type="text" name="username"><br>
```

```
        邮箱号：<input type="email" name="email"><br>
        性别：<input type="radio" id="male" name="gender">
        <label for="male">男性</label>
        <input type="radio" id="female" name="gender">
        <label for="female">女性</label><br>
        <input type="submit">
    </fieldset>
</form>
```

上例在填写用户性别时，将表示用户性别的文本"男性""女性"分别与类型为 radio 的<input>标签建立关联。将"男性"放在<label>标签中，通过 for="male"为<input type="radio" id="male" name="gender">定义标记，当用户单击"男性"时，会触发对应的<input>标签。程序执行结果如图 3.11 所示。

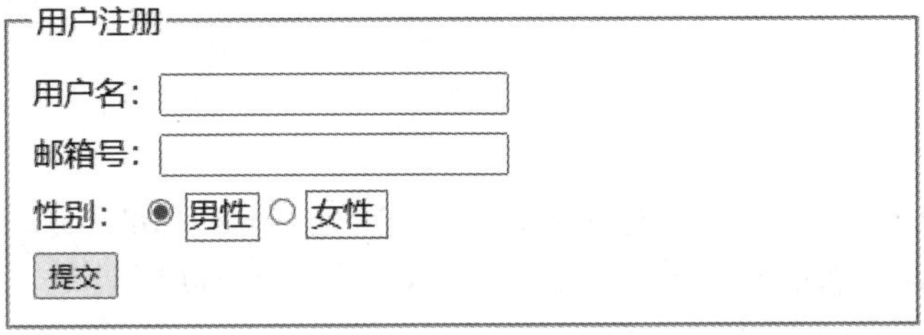

图 3.11　<label>标签为 input 元素定义标记

4) fieldset 和 legend

<fieldset>标签可以将表单内的相关元素分组，并在表单元素周围绘制边框。<legend>标签为 fieldset 元素定义标题。图 3.11 的示例对表单内的相关元素进行分组，设置标题为"用户注册"。

5) datalist

<datalist>标签规定了 input 元素可能的选项列表。使用<datalist>标签时，用户能看到一个下拉列表，列表中的选项是预先定义好的，这些选项将作为用户的输入数据。我们可以使用<input>标签的 list 属性绑定<datalist>标签。例如：

```
<form action="demo-form.php" method="get" name="" >
    <fieldset>
        <legend>选择浏览器</legend>
        <input list="browsers" name="browser">
        <datalist id="browsers">
            <option value="Internet Explorer">
            <option value="Firefox">
            <option value="Chrome">
            <option value="Opera">
            <option value="Safari">
        </datalist>
```

```
            <input type="submit">
        </fieldset>
    </form>
```

上例中<input>标签通过 list 属性值"browsers"绑定到<datalist>标签上，<datalist>标签预定义的数据项作为<input>标签的数据可选项，结果如图 3.12 所示。

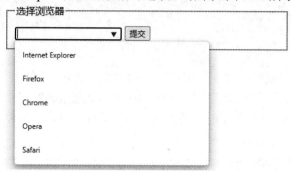

图 3.12   <datalist>标签

4. 框架标签

在 HTML 4.01 中，框架标签包括<frame>、<frameset>、<noframes>和<iframe>四种类型，但 HTML 5 对前三者已不再支持。<iframe>标签是一个内联框架，被用来在当前 HTML 文档中嵌入另一个文档。例如：

```
<iframe width="600px" height="1000px" src="https://www.w3school.com.cn/index.html" seamless>
    <p>您的浏览器不支持 iframe 标签。</p>
</iframe>
```

<iframe>标签通过 src 属性将 W3school 网站首页作为子页面显示在框架中，如图 3.13 所示。

图 3.13   <iframe>框架

5. 图像标签

图像标签用于定义 HTML 页面中的图像、热点、绘制图形等。常用的图像标签包括
<img>、<map>、<canvas>和<figure>等。下面以<img>、<canvas>和<svg>为例说明图像标签的用法。

1) img

<img>标签的作用是为 HTML 中被引用的图像创建占位符。在<a>标签中嵌套<img>标签，将图像添加到另一个文档的链接上。<img>标签有 src、width、height、alt 等属性。src 属性定义图像的地址，width 和 height 属性用于设置图像的宽和高，alt 属性规定图像的替代文本。当网速太慢、src 属性中的错误、浏览器禁用图像等用户无法查看图像时，alt 属性可以为图像提供替代的信息，例如：

```
<img src="smiley-2.gif" alt="Smiley face" width="42" height="42">
```

2) canvas

<canvas>标签是 HTML 5 中的新标签，通过脚本(通常是 JavaScript)来绘制图形(如图表和其他图像)。需要注意的是，<canvas>标签只是图形容器，我们必须使用脚本来绘制图形。例如，下面的代码绘制了一个矩形。

```
<canvas id="myCanvas" width="300" height="150" style="border:1px solid #d3d3d3;">
        您的浏览器不支持 HTML5 canvas 标签。</canvas>
    <script>
        var c = document.getElementById("myCanvas");
        var ctx = c.getContext("2d");
        ctx.fillStyle = "#FF0000";
        ctx.fillRect(20, 20, 150, 100);
    </script>
```

上例的代码可以分为两个步骤，首先使用<canvas>标签在 HTML 页面中定义了一个 300×150 像素的画布，用于绘制图形。然后通过 JavaScript 在画布中点(20，20)的位置绘制宽 150、高 100 像素的矩形，效果如图 3.14 所示。

图 3.14　<canvas>标签绘制矩形

3) svg

SVG 图形是指可伸缩的矢量图形(Scalable Vector Graphics)，SVG 图形在放大或改变尺寸的情况下其图形质量不会有损失。<svg>标签是定义 SVG 图形的容器，使用 xml 格式定义图形，可以绘制路径、框、圆、文本、多边形、渐变等图形。例如：

```
<!DOCTYPE html>
<html>
<body>
<h1>svg 元素</h1>
<svg xmlns="http://www.w3.org/2000/svg" version="1.1" width="100" height="100">
    <circle cx="50" cy="50" r="40" stroke="green" stroke-width="4" fill="yellow" />
    抱歉，您的浏览器不支持嵌入式 SVG。
</svg>
</body>
</html>
```

上例定义了一个 100×100 像素大小的 svg 容器，并使用<circle>标签在点(50，50)位置绘制了一个半径为 40 个像素的圆，效果如图 3.15 所示。

图 3.15   <svg>的<circle>标签绘制圆

6. 程序标签

1) script

<script>标签用于定义客户端脚本，如 JavaScript。script 元素既可以包含脚本语句，还可以通过 src 属性指向外部脚本文件。<script>标签的属性主要有 type、async、src 等。其中 type 属性为必选属性，用于指示脚本的 MIME 类型。对于 JavaScript，其 MIME 类型是"text/JavaScript"。async 属性规定异步执行脚本(仅适用于外部脚本)。src 属性规定外部脚本文件的 URL。例如：

```
<script type="text/JavaScript">
document.write("Hello World!")
</script>
```

链接一个外部脚本文件如下：

```
<script type="text/JavaScript" src="myscripts.js" async="async"></script>
```

上述两例在<script>标签中包含 JavaScript 脚本语句 document.write("Hello World!")和链接外部脚本文件 src="myscripts.js"，并指定外部脚本为异步执行(async="async")。

2) object 和 param

<object>标签定义一个嵌入对象，用于在 HTML 页面添加多媒体。<object>标签可以包含的多媒体元素包括图像、音频、视频、Java applets、ActiveX、PDF 及 Flash。<param>标签定义对象的参数，主要属性有 name、value、type 等。例如：

```
<OBJECT CLASSID="clsid:D27CDB6E-AE6D-11cf-96B8-444553540000" WIDTH="100" HEIGHT="100" >
    <PARAM NAME="MOVIE" VALUE="moviename.swf">
```

```
<PARAM NAME="PLAY" VALUE="true">
<PARAM NAME="LOOP" VALUE="true">
<PARAM NAME="QUALITY" VALUE="high">
</OBJECT>
```

上例中的各参数含义如下：

(1) CLASSID：取值 clsid:D27CDB6E-AE6D-11cf-96B8-444553540000，指明浏览器所用的 ActiveX 控件，必须完全与上面的值相同，仅适用于"OBJECT"标签中。

(2) WIDTH：以像素数或浏览器窗口宽度的百分数形式指定影片的宽度。

(3) HEIGHT：以像素数或浏览器窗口高度的百分数形式指定影片的高度。

(4) PLAY：(可选)取值 true 或 false，指定当影片下载到浏览器之后是否立即播放。如果影片中包含交互元素，也许需要被演示者的相关操作来启动播放，这时可将该属性设置为 false 来阻止影片的自动播放，该属性被省略时将按默认值 true 执行。

(5) LOOP：(可选)取值 true 或 false，指定影片是重复播放，还是播放一遍后停止。该属性被省略时，将按默认值 true 执行。

(6) QUALITY：(可选)取值 low、high、autolow、autohig 或 best。该属性被省略时将按默认值 high 执行。

7. 样式和语义标签

1) style

<style>标签用于为 HTML 文档定义样式信息，通过 type 属性规定样式表的 MIME 类型，一般为 text/css，表示内容的标准是 CSS。例如：

```
<head>
<style type="text/css">
h1 {color: red}
p {color: blue}
</style>
</head>
```

上例在<style>标签中声明了<h1>和<p>标签的 CSS 样式，并将它们的文字颜色分别设置为红色与蓝色。

2) div

<div>标签定义文档中的分区或节(division/section)，将文档分割为独立的、不同的部分。<div>标签是一个块级元素，每个 div 块的内容会自动地开始一个新行，换行是<div>标签固有的唯一格式表现。通过<div>标签的 class 元素或 id 元素来应用额外的样式。例如：

```
<div class="news">
<h2>这是一个标题</h2>
<p>这是一个段落</p>
<div>
```

3) span

<span>标签被用来组合文档中的行内元素。当有多个<span>元素时，其内容不会自动

换行，而是会排成一行，直到超过浏父元素宽度时才会换到下一行。如果不对 span 元素应用样式，那么 span 元素中的文本与其他文本不会任何视觉上的差异，可以为 span 元素应用 id 或 class 属性来改变样式。<span>标签使用方法如下：

```
<p>我的母亲有<span style="color:blue;font-weight:bold">蓝色</span>的眼睛，我的父亲有<span style="color:darkolivegreen;font-weight:bold">碧绿色</span>的眼睛。
</p>
```

<span>标签使用效果如图 3.16 所示。

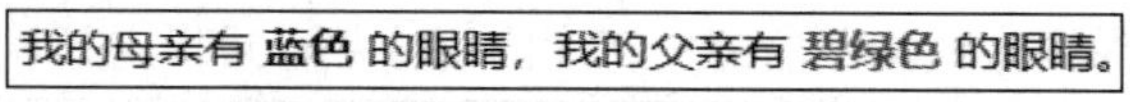

图 3.16　<span>标签使用效果图

可以看到，在<p>标签中的两个<span>标签元素内容排在同一行，通过 styel 样式属性将文字颜色设定为蓝色和碧绿色。

4）details 与 summary

<details>标签规定了用户可见的或者隐藏需求的补充细节，常用来供用户开启关闭的交互式控件。任何形式的内容都能被放在<details>标签里。<summary>标签定义了一个可见的标题，当用户单击标题时标题周围会显示出详细信息。<details>标签与<summary>标签的配合使用可以为 details 定义标题。该标题是可见的，当用户单击标题时，会显示出 details。例如：

```
<details>
  <summary>WWF</summary>
  <p>世界自然基金会(WWF)是一个致力于环境保护、研究和恢复问题的国际组织，前身为世界野生动物基金会。世界自然基金会成立于 1961 年。</p>
</details>
```

上例中的<details>标签提供了开启关闭的交互式控件，<summary>标签则定义了标题 WWF。开关开启后显示 WWF 的详细信息(如图 3.17 所示)，开关关闭后则收起细节。

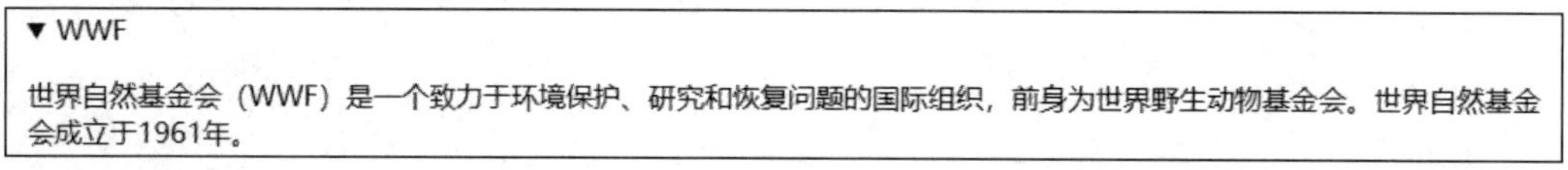

图 3.17　WWF 的详细信息

3.2.6　HTML 编辑器

HTML 文件可以使用 Windows 系统内置的记事本进行编辑，也可以使用一些专业的 HTML 编辑器来编辑。例如，微软的 VS Code、程序员 Jon Skinner 开发的 Sublime Text 等。

1. VS Code

VS Code 编辑器全称是 Visual Studio Code，是由 Microsoft 在 2015 年 4 月正式发布的一个可运行于 Mac OS X、Windows 和 Linux 之上，用于编写现代 Web 和云应用的跨平台源代码编辑器。它具有对 JavaScript、TypeScript 和 Node.js 的内置支持，并具有丰富的扩展的生态系统。VS Code 具有语法高亮显示、可定制的热键绑定、括号匹配以及代码片段收集(snippets)等辅助功能。VS Code 编辑器可从官网下载，图 3.18 所示为 VS Code 编辑器的开始界面。

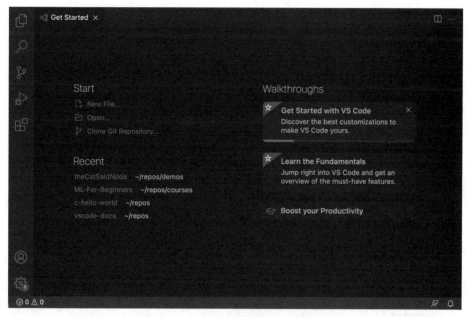

图 3.18 VS Code 编辑器的开始界面

2. Sublime Text

Sublime Text 是由程序员 Jon Skinner 于 2008 年 1 月份开发出来的，它最初被设计为一个具有丰富扩展功能的 Vim(Unix 及类 Unix 系统文本编辑器)。Sublime Text 是一个跨平台的编辑器，同时支持 Windows、Linux、Mac OS X 等操作系统。Sublime Text 支持多种编程语言的语法高亮显示、拥有优秀的代码自动完成功能，还拥有代码片段 (Snippet)的功能。Sublime Text 编辑器可以从官网下载。图 3.19 所示为 Sublime Text 编辑器界面。

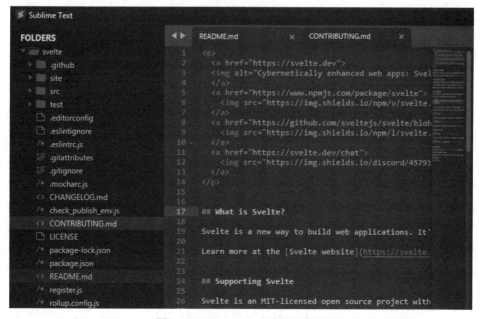

图 3.19 Sublime Text 编辑器界面

3.3   CSS

CSS(Cascading Style Sheets)层叠样式表允许创建一些规则，指定元素中的内容将如何显示。例如，可以设定文本可视化界面的尺寸、背景色，指定可视化图表中文本的字体、颜色、字号等排版样式，也可以为图表的坐标系统设计不同的效果。以下是一个 CSS 样式应用的例子。

```html
<!DOCTYPE html>
<html>
  <head>
    <meta charset="utf-8">
    <!--通过<style>定义 CSS 样式—->
    <style>
      #container {
        width: 800px;
        height: 400px;
      }
    </style>
  </head>
  <body>
    <div id="container"></div>
  </body>
</html>
```

上例定义了可视化图表的容器<div>块的宽度和高度分别为 800 和 400 像素。<div>块与 CSS 样式通过标签的 id 属性进行关联，属性值为"container"。"container"同时也是 CSS 样式的一个选择器。

3.3.1   CSS 的版本

20 世纪 90 年代，蒂姆•伯纳斯•李(Tim Berners-Lee)及其同事(Daniel W. Connolly)发明了万维网，创造了 HTML 超文本标记语言。在 HTML 迅猛发展的年代，不同的浏览器根据自身的 HTML 语法结构来实现不同的样式语言。在最初的 HTML 版本中，由于只含有很少的显示属性，所以用户可以自己决定显示页面的方式。但随着 HTML 的发展，HTML 增加了很多功能，代码越来越臃肿，HTML 变得越来越乱，网页失去了语义化，使得维护代码变得很艰难，于是装饰网页样式的 CSS 诞生了。至今，CSS 的发展共出现了如下的四个版本。

1. CSS1

1994 年，维姆莱(Hkon Wium Lie)提出了最初的 CSS 想法，联合当时正在设计 Argo 的浏览器的伯特·波斯(Bert Bos)，他们决定一起合作设计 CSS，于是创造了 CSS 的最初版本。他们在 1995 年的 Mosaic and the Web 会议上向 W3C 建议了 CSS。1996 年 12 月，W3C 推出了 CSS 规范的第一版本。CSS1 定义了网页的基本属性，如字体、颜色、伪类、基本选择器等。

2. CSS2

1998 年，W3C 发布了 CSS 的第二个版本。CSS2 规范是基于 CSS1 设计的，包含了 CSS1 的所有功能，并扩充和改进了很多更加强大的属性。CSS2 属性包括高级选择器(如子选择器、相邻选择器、通用选择器)、位置模型、布局、表格样式、媒体类型、伪类、光标样式等。

3. CSS2.1

2004 年 2 月，CSS2.1 正式推出。它在 CSS2 的基础上略微做了改动，删除了许多不被浏览器支持的属性。CSS2.1 纠正了 CSS2 中的一些错误，如重新定义了绝对定位元素的高度或宽度属性(height/width)，HTML 的 "style" 属性和重新计算的 "clip" 属性。

4. CSS3

早在 1999 年，W3C 就开始制订 CSS3 规范。2001 年 5 月 23 日，W3C 完成了工作草案。CSS3 规范的一个新特点是被分为若干个相互独立的模块，主要包括盒子模型、列表模块、超链接方式、语言模块、背景和边框、文字特效、多栏布局等。虽然完整的、规范权威的 CSS3 标准还未尘埃落定，但是各主流浏览器已经开始支持其中的绝大部分特性。

3.3.2　CSS 对浏览器的支持

CSS 发展到 CSS3 版本，CSS3 虽然还未最终成为 W3C 标准，但提供了针对浏览器的前缀，并且目前主流的浏览器都已经支持许多新的功能。例如，Chrome(谷歌浏览器)和 Safari(苹果浏览器)的前缀为-webkit-；Firefox(火狐浏览器)的前缀为-moz-；lE(IE 浏览器)的前缀为-ms-；Opera(欧朋浏览器)的前缀为-O-。CSS3 渐变样式在 Firefox 和 Safari 中是不同的。Firefox 使用-moz-linear-gradient，Safari 使用-webkit-gradient，这两种语法都使用了厂商类型的前缀。需要注意的是，在使用厂商类型的前缀的样式时，也应该使用无前缀的。这样可以保证当浏览器移除了厂商类型的前缀后，使用标准 CSS3 规范时，样式仍然有效。例如：

```
#example{
    -webkit-box-shadow：0 3px 5px#FFF;
    -moz-box-shadow：0 3px 5px#FFF;
    -o-box-shadow：0 3px 5px#FFF;
    box-shadow：0 3px 5px#FFF;/*无前缀的样式*/
}
```

上例为选择器#example 定义了盒子的阴影样式，并使用前缀-webkit-、-moz-、-o-来保证浏览器的兼容性。

3.3.3　CSS 样式规则

使用 HTML 时，需要遵从一定的规范，CSS 亦是如此。要想熟练地使用 CSS 对网页进行修饰，首先需要了解 CSS 样式规则，如图 3.20 所示。CSS 样式规则由选择器和声明块组成。选择器指向需要设置样式的 HTML 元素。声明块包含一条或多条用分号分隔的声明。每条声明都包含一个 CSS 属性名称和一个值，并以冒号分隔。多条 CSS 声明用分号分隔，声明块用花括号括起来。

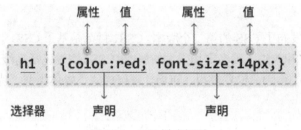

图 3.20　CSS 样式规则

3.3.4　CSS 样式的使用

在 HTML 中有三种方法使用 CSS 样式，分别是外部样式、内部样式和行内样式，也可以同时应用三种样式的多重样式，具体方法如下。

1. 外部样式

外部样式是指将 CSS 样式存在一个独立的外部文件(扩展名为.css 的文件)中，然后HTML 的<head>通过<link>标签引用外部 CSS 样式文件。例如：

```
<!DOCTYPE html>
<html>
<head>
<!--引用外部 CSS 样式—->
<link rel="stylesheet" href="/demo/css/mystyle.css">
</head>
<body>
<h1>This is a heading</h1>
<p>This is a paragraph.</p>
</body>
</html>
上例引用了外部样式文件"mystyle.css"，其中包含的样式可以为：
"mystyle.css":
body {
    background-color: lightblue;
}
h1 {
    color: navy;
    margin-left: 20px;
}
```

在"mystyle.css"中为 HTML 的两个标签定义了排版样式。选择器 body 对应 html 中的<body>标签，样式属性为 background-color，值为 lightblue，也即将 body 的背景色设置为 lightblue。选择器 h1 对应 html 中的<h1>标签，样式属性为 color 和 margin-left(左外边距)，值分别为 navy 和 20 像素(px)，也即将 h1 元素的内容颜色设置为藏青色(navy)，h1 元素距离其他元素的外边距为 20 像素。

2. 内部样式

内部样式是指将 CSS 代码集中写在 HTML 文档的<head>头部标签中，并且用<style>标签定义。例如：

```
<!DOCTYPE html>
<html>
<head>
<!--引用内部 CSS 样式-->
<style>
body {
    background-color: linen;
}
h1 {
    color: maroon;
    margin-left: 40px;
}
</style>
</head>
<body>
<h1>这是一个标题</h1>
<p>这是一个段落。</p>
</body>
</html>
```

上例通过<style>标签为<body>元素和<h1>元素定义了样式，将 body 的背景色定义为亚麻色(linen)，h1 元素的内容颜色设置为紫褐色(maroon)，h1 元素距离其他元素的外边距为 40 像素。

3. 行内样式

行内样式也称为内联样式，是通过 HTML 标签的 style 属性来设置元素的样式，可用于为单个元素应用唯一的样式。行内样式的优先级比较高，但同时也失去了样式表的内容与样式分离的优点。行内样式应用方法如下：

```
<!DOCTYPE html>
<html>
<body>
<h1 style="color:blue;text-align:center;">这是标题</h1>
```

```
<p style="color:red;">这是一个段落。</p>
</body>
</html>
```

上例采用行内样式的形式为<h1>标签定义了文本颜色(蓝色)，文本的对齐方式为居中，为<p>标签定义文本颜色(红色)。

4. 多重样式及优先级

如果某些属性在不同的样式表中被同样的选择器定义，那么属性值将从更具体的样式表中被继承过来。

例如，外部样式表拥有针对 p 选择器的三个属性：

```
p{color:red; text-align:left; font-size:8pt;}
```

内部样式表拥有针对 p 选择器的两个属性：

```
p{text-align:right; font-size:20pt;}
```

假如拥有内部样式表的这个页面同时与外部样式表链接,那么 p 选择器得到的样式是：

```
{color:red; text-align:right; font-size:20pt;}
```

即颜色属性将被继承于外部样式表，而文字排列(text-alignment)和字体尺寸(font-size)会被内部样式表中的规则取代。

CSS 样式的一个重要特点是可以层叠。样式可以规定在单个的 HTML 元素中，在 HTML 页面的头元素中，或在一个外部的 CSS 文件中。甚至可以在同一个 HTML 文档内部引用多个外部样式表。如果出现样式层叠，需要按照样式的优先级来决定使用哪个样式。优先级是指浏览器通过判断哪些属性值与元素最相关以决定将其应用到该元素上的。优先级就是分配给指定的 CSS 声明的一个权重，它由匹配的选择器中的每一种选择器类型的数值决定。一般情况下，优先级如下：

(内联样式)Inline style >(内部样式)Internal style sheet >(外部样式)External style sheet > 浏览器默认样式

例如：

```
<!DOCTYPE html>
<html >
<head>
    <title></title>
    <meta charset='utf-8'>
    <!-- 外部样式 style.css -->
    <link rel="stylesheet" type="text/css" href="style.css"/>
    <!-- 设置：h3{color:blue;} -->
    <style type="text/css">
      /* 内部样式 */
      h2{color:green;}
    </style>
</head>
```

```
<body>
    <h2>CSS 样式的优先级</h2>
</body>
</html>
```

上面例子为<h2>标签定义了外部样式与内部样式，外部样式设置文本的颜色(蓝色)，内部样式设置文本的颜色(绿色)，文本效果如图 3.21 所示。

CSS样式的优先级

图 3.21　文本效果图

3.3.5　CSS 盒子模型

所有 HTML 元素都可以看作盒子。在 CSS 中，"盒子模型"这一术语是在设计和布局时使用的。CSS 盒子模型本质上是一个盒子，用来封装周围的 HTML 元素，它包括：边距、边框、填充和实际内容。盒子模型允许我们在其他元素和周围元素边框之间的空间放置元素，如图 3.22 所示。Content 为盒子的内容，用于显示文本和图像；Padding 是指内边距，用于清除内容周围的区域，内边距是透明的；Border 是指围绕在内边距和内容外的边框；Margin 是指外边距，用于清除边框外的区域，外边距是透明的。

图 3.22　CSS 盒子模型

3.3.6　CSS 选择器

要想将 CSS 样式应用于特定的 HTML 元素，首先需要找到该目标元素。在 CSS 中，执行这一任务的样式规则部分被称为选择器。在 CSS 中的选择器有标签选择器、id 选择器、类选择器、通用选择器、并集选择器、伪类选择器、子元素选择器(>)、后代选择器(空格)、相邻兄弟选择器(+)、属性选择器等，具体解释如下。

1. 标签选择器

标签选择器也称为 CSS 元素选择器，是将 HTML 的标签名作为选择器来选择 HTML 元素。其语法格式如下：

标签名{属性 1：值 1；属性 2：值 2；属性 3：值 3}

HTML 的<body>、<p>、<div>、<span>、<h1>-<h6>等标签都可以作为选择器来使用。例如：

```
p {
  text-align: center;
  color: red;
}
```

上例将<p>标签作为选择器，页面上的所有 p 元素都将居中对齐，并带有文本颜色
(红色)。

2. id 选择器

id 选择器使用 HTML 元素的 id 属性来选择特定元素。元素的 id 在页面中是唯一的，
因此 id 选择器用于选择一个唯一的元素。要选择具有特定 id 的元素，需写一个井号(#)，
后跟该元素的 id。其语法格式如下：

#id 名{属性 1：值 1；属性 2：值 2；属性 3：值 3}

例如：

```
<!DOCTYPE html>
<html>
  <head>
    <style>
      #container {
        text-align: center;
        color: red;
      }
    </style>
  </head>
  <body>
    <div id=" container ">Hello World!</div>
    <div>本块文字不受样式的影响。</div>
  </body>
</html>
```

上例中有两个<div>元素。第一个<div>元素设定了 id 属性 "container"，在<style>标签
中以 container 为选择器定义了 CSS 样式。如此，第一个 div 块中的内容 "Hello World!"
在浏览器中居中对齐，颜色为红色。第二个 div 块中的内容则不受样式的影响。结果如图
3.23 所示。注意：id 名称不能以数字开头。

图 3.23   id 选择器应用

3. 类选择器

类选择器选择有特定 class 属性的 HTML 元素。其语法格式如下：

.类名{属性 1：值 1；属性 2：值 2；属性 3：值 3}

例如：

```
<!DOCTYPE html>
<html>
<head>
  <style>
    .center {
        text-align: center;
        color: darkblue;
    }
  </style>
</head>
<body>
  <h1 class="center">居中的蓝色标题</h1>
  <p class="center">居中的蓝色段落。</p>
</body>
</html>
```

上例定义了一个名为 center 的类，指定文本格式和颜色分别为居中和蓝色。在 HTML 元素<h1>和<p>标签中引用这个类，结果如图 3.24 所示。

图 3.24　类选择器应用

类选择器的使用比较灵活，可以指定只有某个特定的 HTML 元素受类的影响，其语法格式为：标签名.类名。也可以为一个 HTML 元素引用多个类，类名之间用空格间隔，其语法格式如下：

<标签名　class=类名 1 类名 2>

例如：

```
<!DOCTYPE html>
<html>
<head>
    <style>
```

```
            h1.center {
                text-align: center;
                color: darkblue;
            }
            .box {
                border: darkred solid 2px;
            }
        </style>
    </head>
    <body>
        <h1 class="center box">这个标题将是蓝色并居中对齐的，还有红色边框。</h1>
        <h2 class="center">这个标题不受影响</h2>
    </body>
</html>
```

上例用 h1.center 的方法定义了只能用于<h1>标签的类 center，虽然在 h2 标签中也引用了 center，但不起作用。此外，<h1>标签还同时引用类 box 为标题设置边框。结果如图 3.25 所示。需要注意的是，和 id 名一样，类名也不能以数字开头。

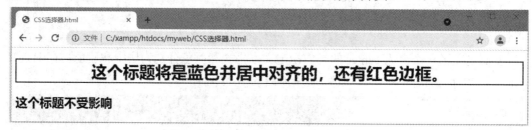

图 3.25　类的限定和多类引用

4. 通用选择器

通用选择器用 "*" 号表示，它是所有选择器中作用范围最广的，能匹配页面中所有的元素。其基本语法格式如下：

*{属性 1：值 1；属性 2：值 2；属性 3：值 3}

例如，下面的代码，使用通配符选择器定义 CSS 样式，清除所有 HTML 标签的默认边距。

```
*{
    margin: 0px;
    padding:0px;
}
```

通用选择器一般用于标签的全局设置，也即所有标签都相同的属性部分。例如，页面字体、字号，元素的默认边距等，有利于页面排版样式的统一。

5. 并集选择器

并集选择器选取所有具有相同样式的 HTML 元素进行同时定义，以最大程度地缩减代码，选择器之间用逗号隔开。其语法格式如下：

选择器 1，选择器 2，选择器 3{属性 1：值 1；属性 2：值 2；属性 3：值 3}

例如：

```
<!DOCTYPE html>
<html>
<head>
    <style>
        h1,h2,p {
            text-align: center;
            color:darkblue;
        }
    </style>
</head>
<body>
    <h1>Hello World!</h1>
    <h2>这是二号标题</h2>
    <p>这是一个段落。</p>
</body>
</html>
```

上例定义了并集选择器，h1、h2、p 三个元素内容具有相同的居中显示和蓝色文本的样式，运行后的结果如图 3.26 所示。

图 3.26　并集选择器应用结果

6. 伪类选择器

伪类选择器主要用于定义元素的特殊状态。例如，设定鼠标悬停在元素上时的样式，或为已访问和未访问的超链接设置不同的样式。常用的伪类选择器主要有超链接访问、表单元素、父子元素访问方法等。伪类选择器的语法格式如下：

选择器：伪类{属性 1：值 1；属性 2：值 2；属性 3：值 3}

例如，可以定义超链接伪类定义访问时的不同状态，代码如下：

```
<!DOCTYPE html>
<html>
<head>
```

```
<style>
    /* 未访问时的链接状态 */
    a:link {
        color: darkblue;
    }
    /* 已访问时的链接状态 */
    a:visited {
        color: green;
    }
    /* 鼠标悬停时的链接状态 */
    a:hover {
        color: hotpink;
    }
    /* 激活时的链接状态 */
    a:active {
        color: red;
    }
</style>
</head>
<body>
    <h1>CSS 伪类</h1>
    <p><b><a href="/index.html" target="_blank">这是一个链接</a></b></p>
    <p><b>注释：</b>在 CSS 定义中，a:hover 必须位于 a:link 和 a:visited 之后才能生效。</p>
    <p><b>注释：</b>在 CSS 定义中，a:active 必须位于 a:hover 之后才能生效。</p>
</body>
</html>
```

上面的例子定义了 a:link、a:visited、a:hover、a:active 四个伪类，分别表示当超链接在未访问、已访问、鼠标悬停、激活四种状态中文本颜色的变化，如图 3.27 所示。例如，当鼠标经过超链时，文本的颜色为粉红(hotpink)，访问后的文本颜色为绿色(green)。

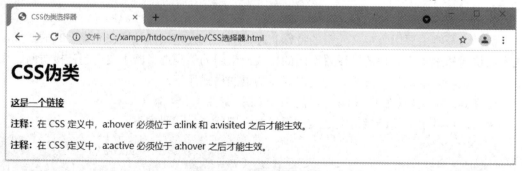

图 3.27　CSS 伪类选择器

7. 子元素选择器

子元素选择器(Child selectors)也称为子选择器，用于选择作为某元素子元素的元素。使用子元素选择器的方法可以缩小选择范围，从而更精确地找到元素。子元素选择器使用大于号(>)作为结合符号。其语法格式如下：

　　父元素选择器>子元素选择器{属性 1：值 1；属性 2：值 2；属性 3：值 3}

　　子结合符两边可以有空白符，不影响选择的结果。

程序实例如下：

```
<!DOCTYPE HTML>
<html>
<head>
    <style type="text/css">
        h1>strong {
            color: red;
        }
    </style>
</head>
<body>
    <h1>这是<strong>非常</strong><strong>非常</strong>重要的.</h1>
    <h1>这是<em>非常<strong>非常</strong></em>重要的.</h1>
</body>
</html>
```

上例利用子元素选择器查找到父元素<h1>的子元素<strong>，并修改文本颜色。方法为：h1>strong，即选择作为 h1 元素子元素的所有 strong 元素。最终执行的效果如图 3.28 所示。图 3.28 中第一行文字"非常""非常"使用<strong>标签进行强调，两个<strong>都是<h1>的子元素，通过 h1>strong 方法找到这两个元素后应用了"color: red"的样式。图 3.28 中第二行文字的<strong>非常</strong>是<em>的子元素，不受 h1>strong 的影响，没有应用"color: red"样式。

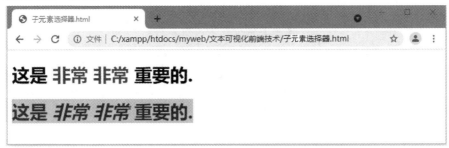

图 3.28　子元素选择器

8. 后代选择器

后代选择器(descendant selector)又称为包含选择器，可以选择作为某元素后代的元素。其语法格式如下：

祖先元素选择器 后代元素选择器{属性 1：值 1；属性 2：值 2；属性 3：值 3}

在后代选择器中，规则左边的选择器一端包括两个或多个用空格分隔的选择器。假如想选择 ul 元素中的 em 元素应用样式，则可以写为：

ul em {color:red;}

ul em 选择器可以解释为 "作为 ul 元素后代的任何 em 元素"。上面这个规则会把作为 ul 元素后代的 em 元素的文本变为红色。其他 em 元素的文本(如标题或块引用中的 em)则不会被这个规则选中。

程序实例如下：

```html
<html>
<head>
    <style type="text/css">
        ul em {
            color: red;
            font-weight: bold;
        }
    </style>
</head>
<body>
    <h2>这是一个<em>重要的</em>列表</h2>
    <ul>
        <li>列表项 1
        <ol>
            <li>列表项 1-1</li>
            <li>列表项 1-2</li>
            <li>列表项 1-3
                <ol>
                    <li>列表项 1-3-1</li>
                    <li>列表项<em>1-3-2</em></li>
                    <li>列表项 1-3-3</li>
                </ol>
            </li>
            <li>列表项 1-4</li>
        </ol>
        </li>
        <li>列表项 2</li>
        <li>列表项 3</li>
    </ul>
</body>
</html>
```

上例通过 ul em 选择 ul 的后代选择器中的 em 并应用样式，而 h2 元素中的 em 则没有被选中。效果如图 3.29 所示。与子选择器不同的是，后代选择器的两个元素之间的层次间隔可以是无限的。

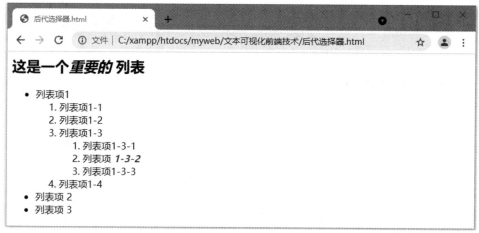

图 3.29　后代选择器

9. 相邻兄弟选择器

相邻兄弟选择器(Adjacent sibling selector)可选择紧接在另一元素后的元素，且二者有相同父元素。其语法格式如下：

选择器 1+选择器 2{属性 1：值 1；属性 2：值 2；属性 3：值 3}

相邻兄弟选择器使用加号(+)作为结合符。

程序实例如下：

```
<!DOCTYPE HTML>
<html>
<head>
    <style type="text/css">
        h1+p {
            margin-top: 50px;
        }
    </style>
</head>
<body>
    <h1>这是一个标题.</h1>
    <p>这是一个段落.</p>
    <p>这是一个段落.</p>
    <p>这是一个段落.</p>
    <p>T 这是一个段落.</p>
    <p>这是一个段落.</p>
</body>
</html>
```

上例为在标题与段落之间增加间距，使用了 h1 + p 方法选择 h1 元素的兄弟元素并应用样式。效果如图 3.30 所示。第一个 p 元素是 h1 元素的兄弟元素，被规则选中，其余 p 元素不受影响。

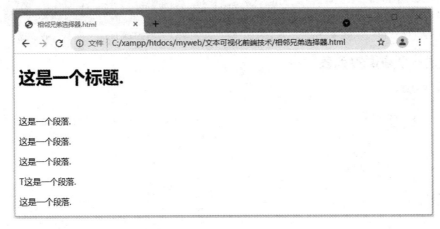

图 3.30　相邻兄弟选择器应用效果

10. 属性选择器

属性选择器可以根据元素的属性及属性值来选择元素。属性选择器可以按单个属性、属性与属性值匹配、多个属性的方法进行选择，其应用方法如表 3-5 所示，其中 attribute 为 HTML 标签的属性，value 为属性值。

表 3-5　属性选择器应用方法

选择器	描　　述
[attribute]	用于选取带有指定属性的元素
[attribute=value]	用于选取带有指定属性和值的元素
[attribute~=value]	用于选取属性值中包含指定词汇的元素
[attribute|=value]	用于选取带有以指定值开头的属性值的元素，该值必须是整个词语
[attribute^=value]	匹配属性值以指定值开头的每个元素
[attribute$=value]	匹配属性值以指定值结尾的每个元素
[attribute*=value]	匹配属性值中包含指定值的每个元素

下面以匹配带有以指定值开头的属性值的元素([attribute|=value])为例，说明属性选择器的用法。

程序实例如下：

```
<!DOCTYPE html>
<html>
<head>
    <style>
        img {
```

```
                width: 300px;
            }
        img[alt|="校园胜景"] {
                border: 3px solid red;
            }
        </style>
    </head>
    <body>
        <img src="images/0.jpg" alt="校园胜景-校园大门">
        <img src="images/1.jpg" alt="校园风景-中心花坛">
        <img src="images/2.jpg" alt="校园胜景-月牙湖畔">
        <img src="images/3.jpg" alt="校园风景-问鼎广场">
    </body>
</html>
```

上例通过 img[alt|="校园胜景"]选择 img 标签中 alt 属性为"校园胜景"开头的图像元素，并为图像添加边框，效果如图 3.31 所示。其中名为"0.jpg"和"2.jpg"的图像添加了边框。

图 3.31　属性选择器应用效果

3.3.7　CSS 样式属性

按照样式属性不同，CSS 可以分为背景属性、字体属性、内边距属性、动画属性，过渡属性等多种类型。下面介绍文本可视化中常用的几个属性。

1. 背景属性

CSS 样式的背景属性可以设置 CSS 盒子的背景颜色和背景图像。例如，处理背景图像的定位、重复、滚动、尺寸、裁剪等属性，如表 3-6 所示。background 属性是一个复合属性，可以同时设置背景的颜色、图像、重复性、固定属性、位置等多个属性。background-attachment 的值有 scroll、fixed、inherit 等几个选项，分别表示滚动、固定、继承父级对象。background-position 用于设置背景图像在 CSS 盒子中的位置，共有 9 种指定位置，也可以通过 $x\%$ 和 $y\%$ 值指定任意位置。background-repeat 用于指明背景图像的重复方式，有垂直和水平方向重复(repeat)、不重复(no-repeat)、沿 X 方向复(repeat-x)、沿 Y 方向重复(repeat-y)几种方式。background-clip 可以使用 border-box、padding-box、content-box

三种方式对超出对象大小的背景图像进行裁剪处理。

表 3-6　CSS 背景属性

属　　性	描述及实例
background	设置对象的背景特性，如 background: #00ff00 url('smiley.gif') no-repeat fixed center
background-attachment	设置背景图像是随对象内容滚动还是固定的，如 background-attachment:fixed
background-color	设置背景颜色，如 background-color:#00ff00
background-image	设置背景图像，如 background-image:url('paper.gif')
background-position	设置背景图像位置，如 background-position:center
background-repeat	设置背景图像如何铺排填充，如 background-repeat:repeat-y
background-clip	指定背景图像向外裁剪的区域，如 background-clip:content-box
background-origin	设置背景图像计算 background-position 时的参考原点(位置)，如 background-origin:content-box
background-size	设置背景图像的尺寸大小，如 background-size:80px 60px

2. 字体属性

字体属性通过 font 命令设置文本的字体族类型。例如，尺寸、样式、粗细、自定义字体、字体伸缩变形等，如表 3-7 所示。文本尺寸可以采用绝对大小值、相对大小值、长度值、百分比值、继承等方式表示。绝对大小值包括 xx-small 到 xx-large，共 7 个级别，继承方式采用 font-size: inherit 进行设置。@ font-face 是一个 CSS3 的规则，允许定义并使用自己的字体，定义时需指明字体族名称及字体 ttf 或 eot 文件所在的地址。

表 3-7　CSS 字体属性

属　　性	描述及实例
font	在一个声明中设置所有字体属性，如 font:15px arial,黑体
font-family	规定文本的字体系列，如 font-family:"微软雅黑"
font-size	规定文本的字体尺寸,如 font-size: large;font-size: 12px
font-style	规定文本的字体样式，如 font-style:italic
font-variant	规定文本的字体样式，如 font-variant:small-caps
font-weight	规定字体的粗细，如 font-weight:bold
@font-face	允许网站下载并使用其他超过 "Web-safe" 字体的字体，如 font-family: myFirstFont;src: url('Sansation_Light.ttf'),url('Sansation_Light.eot')
font-stretch	收缩或拉伸当前的字体系列，如 font-stretch: narrower

3. 内边距属性

内边距属性(padding)用于指定 CSS 盒子内边距的填充宽度。内边距可以通过 padding 属性在一个声明中设置所有填充属性，也可以使用 padding-位置的形式单独设置各边的边距。如图 3.32 所示，其中 padding-top 为顶边距，padding-left 为左边距，padding-right 为右边距，padding-bottom 为底边距。CSS 内边距属性如表 3-8 所示。

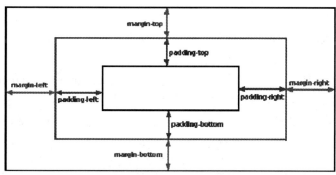

图 3.32　CSS 盒子的边距属性

使用 padding 时有以下四种形式：

(1) padding:4 cm；表示四边的内边距都为 4 cm。

(2) padding:2 cm 4 cm；表示上下边距为 2 cm，左右边距为 4 cm。

(3) padding:2 cm 3 cm 4 cm；表示上边距为 2 cm，左右边距为 3 cm，下边距为 3 cm。

(4) padding:2 cm 3 cm 4 cm 5 cm；表示上边距为 2 cm，右边距为 3 cm，下边距为 4 cm，左边距为 5cm。

表 3-8　CSS 内边距属性

属　　性	描述及实例
padding	在一个声明中设置所有填充属性,如 padding: 2cm 3cm 4cm 5cm
padding-bottom	设置元素的底填充(底边距)，如 padding-bottom:25px
padding-left	设置元素的左填充(左边距)，padding-left:2cm
padding-right	设置元素的右填充(右边距)，如 padding-right:2cm
padding-top	设置元素的顶部填充(顶边距)，padding-top:2cm

4. 外边距属性

外边距属性(margin)用于指定 CSS 盒子外边距的填充宽度。外边距可以通过 margin 属性在一个声明中设置所有填充属性，也可以使用 margin-位置(top、bottom、left、right)的形式单独设置各边的边距。使用 margin 时的四种形式举例如下：

(1) margin: 4 cm；表示四边的外边距都为 4 cm。

(2) margin:2 cm 4 cm；表示上下边距为 2 cm，左右边距为 4 cm。

(3) margin:2 cm 3 cm 4 cm；表示上边距为 2 cm，左右边距为 3 cm。下边距为 3 cm。

(4) margin:2 cm 3 cm 4 cm 5 cm；表示上边距为 2 cm，右边距为 3 cm，下边距为 4 cm，左边距为 5 cm。

表 3-9 总结了 CSS 外边距属性。

表 3-9　CSS 外边距属性

属　　性	描述及实例
margin	在一个声明中设置所有外边距属性，如 margin:2 cm 4 cm 3 cm 4 cm
margin-bottom	设置元素的下外边距，如 margin-bottom:2cm
margin-left	设置元素的左外边距，如 margin-left:2cm
margin-right	设置元素的右外边距，如 margin-right:2cm
margin-top	设置元素的上外边距，如 margin-top:2cm

5. 边框属性

边框属性(border)用于设置 CSS 盒子边框的颜色、样式、宽度、图像、圆角、阴影等效果。边框属性可以通过 border 统一设置，也可对上、下、左、右四边单独设置，只要在对应的属性名字上加上具体位置即可。例如，border-bottom、border-bottom-color、border-bottom-style、border-bottom-width 等属性可以设置盒子底边的颜色、样式和宽度。border-image 可以用图像填充边框，border-radius 可以设置盒子的圆角效果，box-shadow 可以为整个盒子加上阴影，如表 3-10 所示。

表 3-10　CSS 边框属性

属　　性	描述与实例
border	设置对象边框的特性，如 border:5px solid red
border-color	设置对象的边框颜色，如 border-color:#ff0000 #0000ff
border-style	设置对象的边框样式，如 border-style:solid
border-width	设置对象的边框宽度，border-width:15px
border-image	设置对象的边框样式使用图像来填充，如 border-image: url(border.png) 30 round
border-radius	设置对象使用圆角边框，如 border-radius: 25px
box-shadow	向方框添加一个或多个阴影，如 box-shadow: 10px 10px 5px #888888

6. 动画属性

动画属性允许使用 CSS 样式的@keyframes 规则来创建动画，如表 3-11 所示。CSS 的动画本质上是一种关键帧动画，以 CSS 样式作为关键帧，从一个样式变化到另一个样式逐步改变形成动画。可以指定多个关键帧，关键帧的变化可以使用%，如 0%到 100%；也可以通过关键字"from"和"to"来设定。animation 属性是一个复合属性，使用简写方式把 animation 绑定到一个<div>元素上，并指明动画的名称、持续时间、循环次数、运动方向、状态等。

表 3-11　CSS 动画属性

属　　性	描述与实例
@keyframes	定义一个动画,如 @keyframes　mymove {from {top:0px;}to {top:200px;}}
animation	复合属性，如 animation:mymove 5s infinite
animation-name	设置动画名称，如 animation-name:mymove
animation-duration	设置动画的持续时间，如 animation-duration:2s
animation-timing-function	设置动画的过渡类型，如 animation-timing-function:linear
animation-delay	设置动画的延迟时间，如 animation-delay:2s
animation-iteration-count	设置动画的循环次数，如 animation-iteration-count:3
animation-direction	设置动画运动方向，如 animation-direction:alternate
animation-play-state	设置动画的状态，如 animation-play-state:paused

7. 过渡属性

CSS 的过渡属性(transition)用于设置用户与鼠标的交互效果,如表 3-12 所示。当":hover"":focus"":checked"伪类事件发生时，可以触发过渡属性。过渡属性可以通过 transition 属性以简写方式设置,也可以分别设置持续时间、时序函数、延迟方式等。transition-property 指定进行过渡的 CSS 属性，如宽度变化、颜色变化等。transition-duration 为过渡进行时间长度，transition-timing-function 为过渡进行时的时序函数，包括 linear(线性)、ease(缓动)、ease-in(缓入)、ease-out(缓出)、ease-in-out(缓入缓出)、cubic-bezier(n,n,n,n)(自定义曲线)几种方式。

表 3-12　过渡属性

属　　性	描述与实例
transition	此属性是简写方式，如 transition: width 2s;
transition-property	设置用来进行过渡的 CSS 属性，如 transition-property:width;
transition-duration	设置过渡进行的时间长度，如 transition-duration: 5s;
transition-timing-function	设置过渡进行的时序函数，如 transition-timing-function: linear;
transition-delay	指定过渡开始的时间

3.4　JavaScript

JavaScript 是当前互联网最流行的脚本语言，可插入到 HTML 页面，并由浏览器执行。JavaScript 具有强大的交互性，能实现 Web 页面和浏览者的动态交互功能。JavaScript 也是文本可视化呈现中主要的开发语言与工具，如 D3.js、ECharts、Chart.js、Google Charts 等国内外一些可视化库都是基于 JavaScript 的。

3.4.1　JavaScript 的发展历史

JavaScript 作为 Netscape Navigator 浏览器的一部分首次出现于 1996 年。它最初的设计目的是改善网页的用户体验。初期 JavaScript 被命名为 LiveScript，后因和 Sun 公司合作，鉴于市场宣传需要才改名为 JavaScript。

当时的微软公司为了取得技术优势，在 IE3.0 上发布了 VBScript，并将其命名为 JScript，以此来应对 JavaScript。之后，为了争夺市场份额，Netscape 和 Microsoft 这两大浏览器厂商不断在各自的浏览器中添加新的特性和各种版本的 JavaScript 实现功能。

由于他们在实现各自的 JavaScript 时并没有遵守共同标准，使得他们的浏览器对 JavaScript 的兼容性问题越来越多，从而给 JavaScript 开发人员带来巨大的痛苦。为了达到使用上的一致性，1997 年，在 ECMA(欧洲计算机制造商协会)的协调下，由 Netscape、Sun、微软、Borland 组成的工作组对 JavaScript 和 JScript 等当时存在的、主要的脚本语言确定了统一标准：ECMA-262。该标准定义了一个名为 ECMAScript 的脚本语言，规定了 JavaScript 的基础内容，主要包括：语法、类型、语句、关键字、保留字、操作符和对象。

以下是 ECMAScript 各版本的发展简史。

(1) 1997 年 7 月，ECMAScript 1.0 版发布。

(2) 1998 年 6 月，ECMAScript 2.0 版发布。

(3) 1999 年 12 月，ECMAScript 3.0 版发布，并成为 JavaScript 的通行标准，得到了广泛支持。

(4) 2007 年 10 月，ECMAScript 4.0 版草案发布，对 ECMAScript 3.0 版做了大幅升级。

(5) 2008 年 7 月，由于 ECMAScript 4.0 版太过激进，ECMA 决定终止 ECMAScript 4.0 版的开发。

(6) 2009 年 12 月，ECMAScript 5.0 版正式发布。

(7) 2011 年 6 月，ECMAScript 5.1 版发布，并成为 ISO 国际标准(ISO/IEC 16262:2011)。

(8) 2013 年 12 月，ECMAScript 6.0 版草案发布。

(9) 2015 年 6 月，ECMAScript 6.0 版正式发布，并更名为"ECMAScript 2015"，成为国际标准。

(10) 2015 年后，ECMAScript 在 6.0 版的基础上又推出了若干个版本，在 2015 年的 ECMAScript 6.0 版之后的版本太多，因此之后的版本一般都称为 ECMAScript 6。ECMAScript 终于步入正轨，2021 年已更新至 ECMAScript 12。

3.4.2　JavaScript 的组成

JavaScript 是由一个规范和两套 API 组成的，如图 3.33 所示。一个规范是指 ECMAScript，是 JavaScript 的核心，描述了语言的基本语法、数据类型、关键字、具体 API 的设计规范等。两套 API 是指 BOM 浏览器对象模型和 DOM 文档对象模型。BOM 是一套操作浏览器功能的 API，通过 BOM 可以操作浏览器窗口(如弹出框)、控制浏览器跳转、获取分辨率等。DOM 是一套操作页面元素的 API，JavaScript 中的 DOM 把 HTML 看作是文档树，通过 DOM 提供的 API 可以对文档树上的节点进行操作。

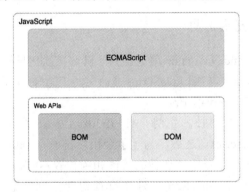

图 3.33　JavaScript 的组成图

3.4.3　ECMAScript

1. ECMAScript 语法

ECMAScript 的语法比较简单，主要借用了 Java、C 和 Perl 等语言的语法。计算机语言是由语句所构成的，语句的书写与表示必须遵守一定的语法规则。ECMAScript 作为一种计算机语言，同样有其自身的语法规则。

1) 区分大小写

ECMAScript 语法规定对字母大小写是敏感的，也就是区分大小写，这点是与 Java 语法一致的。ECMAScript 语法区分大小写的规定适用于变量、函数名、运算符及其他一切代码。例如，变量 id 与 Id 是不同的；函数 getElementById()与 getElementbyID()也是不同的，而且 getElementbyID()是无效函数。

2) 注释

ECMAScript 的注释与 Java、C 和 PHP 语言的注释相同，主要有以下两种类型：

(1) 单行注释以双斜杠开头(//)。

(2) 多行注释以单斜杠和星号开头(/*)，以星号和单斜杠结尾(*/)。

3) 每行结尾的分号可有可无

Java、C 和 Perl 语言都要求每行代码以分号(;)结束才符合语法。但是，ECMAScript 允许开发者自行决定是否以分号结束一行代码。如果没有分号，ECMAScript 就把这行代码的结尾看作该语句的结尾，前提是这样并不破坏代码的语义。当然，最优的代码编写习惯是加入分号，这是因为没有分号，有些浏览器就不能正确运行。

4) 空格

ECMAScript 语法规定会忽略多余的空格。依据这个特点可以通过添加空格对代码进行排版，从而提高代码的可读性。

2. 变量

1) ECMAScript 的变量是弱类型的

与 Java 和 C 语言不同的是，ECMAScript 中的变量无特定的类型，定义变量时只用 var 运算符，可以将它初始化为任意值。因此，ECMAScript 可以随时改变变量所存数据的类型。即便如此，我们不建议随意更改变量的数据类型，建议一直沿用初始化类型，避免不必要的麻烦。

2) 变量声明

ECMAScript 使用 var(variable)对变量进行声明。例如：

```
var vtemp= "hello";
```

上例声明了变量 vtemp，并把它的值初始化为"hello "(字符串)。由于 ECMAScript 的变量是弱类型的，所以解释程序会为 vtemp 自动创建一个字符串值，无需明确的类型声明。还可以用一个 var 语句定义两个或多个变量，例如：

```
var vtemp= "hello";sum=25;
```

3) 变量命名规则

ECMAScript 变量命名需要遵守以下两条简单的规则：

(1) 第一个字符必须是字母、下划线(_)或美元符号($)。

(2) 余下的字符可以是下划线、美元符号、任何字母或数字字符。

ECMAScript 变量命名时还可以采用 Camel 标记法、Pascal 标记法、匈牙利类型标记法等著名的变量命名规则。

(1) Camel 标记法是指首字母是小写的，接下来的字母都以大写字符开头，例如：

```
var myTempValue = 0;
```

(2) Pascal 标记法是指首字母是大写的，接下来的字母都以大写字符开头，例如：

```
var MyTempValue = 0;
```

(3) 匈牙利类型标记法是指在以 Pascal 标记法命名的变量前附加一个小写字母(或小写字母序列)，说明该变量的类型。一般来说，i 表示整数，s 表示字符串，例如：

```
var iMyTempValue = 0;
```

3. 数据类型

1) 原始值和引用值

在 ECMAScript 中，变量可以存在两种类型的值，即原始值和引用值。原始值存储在栈(stack)中的简单数据段处，即它们的值直接存储在变量访问的位置。引用值存储在堆(heap)中的对象处，即存储在变量处的值是一个指针(point)，指向存储对象的内存处。

为变量赋值时，ECMAScript 的解释程序必须判断该值的类型，即是原始类型还是引用类型。要实现这一点，解释程序则需尝试判断该值是否为 ECMAScript 的原始类型之一，即 undefined、null、boolean、number 和 string 型。由于这些原始类型占据的空间是固定的，所以可将它们存储在较小的内存区域，即栈中，这样存储便于迅速查寻变量的值。

2) 原始类型

ECMAScript 有 5 种原始值类型(primitive type)，即 undefined、null、boolean、number 和 string。ECMAScript 提供 typeof 运算符判断一个值是否在某种类型的范围内。可以用这种运算符判断一个值是否表示一种原始类型。如果它是原始类型，还可以判断它表示哪种原始类型。例如：

```
var vTemp = "hello "; sum=25;
alert (typeof vTemp); //输出 "string"
alert (typeof sum); //输出 "number"
```

undefined 类型具有唯一的值，即 undefined。当声明的变量未初始化时，该变量的默认值是 undefined，如 var vTemp。前面一行代码声明变量 vTemp，没有初始值。该变量将被赋予值 undefined。

null 类型是一种只有一个值的类型，值 undefined 实际上是从值 null 派生来的，因此 ECMAScript 把它们定义为相等的。尽管这两个值相等，但它们的含义不同。undefined 是声明了变量但未对其初始化时赋予该变量的值，null 则用于表示尚未存在的对象。

boolean 类型是 ECMAScript 中最常用的类型之一，它有两个值 true 和 false。例如：

```
var vTemp = true;
alert (typeof vTemp); //输出 "boolean"
```

上面的例子声明了变量 vTemp 的值为 true，通过 typeof 输出变量类型为"boolean"。

number 类型可以用于表示整数、浮点数、科学计数、特殊类型的数。例如：

```
var iNum = 36;//表示整数；
var iNum = 7.0;//表示浮点数；
var iNum = 050;//表示八进制数，相当于十进制数 40；
var iNum = 0x1B;//表示八进制数，相当于十进制数 27；
var iNum = 2.34e6;//科学计数表示；
```

alert(isNaN("666")); //输出 "false"。isNaN 表示非数(Not a Number)，是一个特殊值。

string 表示字符串类型，是由双引号(")或单引号(')声明的。例如：

```
var vColor= "blue";
```

字符串中的每个字符都有其特定的位置，首字符从位置 0 开始，第二个字符在位置 1，依此类推，字符串中的最后一个字符的位置一定是字符串的长度减 1。

3) 引用类型

引用类型也叫作类(class)，遇到引用值，所处理的就是对象。对象是由 new 运算符加上要实例化的对象的名字来创建的。例如，下面的代码是创建 Object 对象的实例。

```
var myObject = new Object();
```

Object 对象拥有属性和方法，即对象是拥有属性和方法的数据。在 ECMAScript 中可以定义和使用的对象有三种，即本地对象、内置对象和宿主对象。

本地对象(native object)是指"独立于宿主环境的 ECMAScript 实现提供的对象"。简单来说，本地对象就是 ECMAScript 定义的类(引用类型)。ECMAScript 的本地对象包括 object、function、array、string、boolean、number、date、regExp、error、evalError、rangeError、referenceError、syntaxError、typeError、uRIError。

内置对象(built-in object)是指由 ECMAScript 实现提供的、独立于宿主环境的所有对象，其在 ECMAScript 程序开始执行时出现。ECMA-262 只定义了两个内置对象，即 Global 和 Math。实际上，根据定义，每个内置对象都是本地对象。

宿主对象(host object)是指所有非本地对象，即由 ECMAScript 实现的宿主环境提供的对象。所有 BOM 和 DOM 对象都是宿主对象。

4. 运算符

ECMAScript 的运算符包括位运算符、Boolean 运算符、乘性运算符、加性运算符、关系运算符、等性运算符、条件运算符、赋值运算符、逗号运算符，和 Java、C 等语言类似。本小节将对其中部分运算符进行介绍。

1) 位运算符

位运算符是在数字底层(即表示数字的 32 个数位)进行操作的，包括 NOT、AND、OR、XOR、左移运算、有符号右移运算、无符号右移运算等几种常用运算方法。例如：

```
var iResult = 25 & 3;
alert(iResult); //输出 "1"
```

上面的实例是两个整数的 AND 位运算，通过运算符"&"实现，结果输出为 1。位运算 AND 直接对数字的二进制形式进行运算。它把每个数字中的数位对齐，然后用表 3-13 中的运算规则对同一位置上的两个数位进行 AND 运算。

表 3-13 位运算 AND 的运算规则

第一个数字中的数位	第二个数字中的数位	结　　果
1	1	1
1	0	0
0	1	0
0	0	0

运算过程如下：

25   =   0000 0000 0000 0000 0000 0000 0001 1001

3   =   0000 0000 0000 0000 0000 0000 0000 0011

AND   =   0000 0000 0000 0000 0000 0000 0000 0001

在 25 和 3 中，只有一个数位（位 0）存放的都是 1，其他数位生成的都是 0。因此，根据表 3-13 的运算规则结果输出为 1。

2）关系运算符

关系运算符执行的是比较运算，包括小于、大于、小于等于和大于等于，执行的是两个数的比较运算，比较方式与算术比较运算相同。每个关系运算符都返回一个布尔值。例如：

```
var vComp = 2 > 1 //输出 "true";
var vComp = 2 < 1 //输出 "false";
```

关系运算符可以比较两个数字，也可以比较字符串的大小。例如：

```
var vComp = "25" < "3";
alert(vComp); //输出 "true";
```

上面这段代码比较的是字符串"25"和"3"。对于字符串，第一个字符串中每个字符的代码都与第二个字符串中对应位置的字符的代码进行数值比较。上例两个运算数都是字符串，所以比较的是它们的字符代码("2"的字符代码是 50，"3"的字符代码是 51)。完成这种比较操作后，返回一个 Boolean 值。

3）赋值运算符

赋值运算符可分为基本赋值运算符和复合赋值运算符。基本赋值运算是由等号(=)实现的，只是把等号右边的值赋予等号左边的变量。复合赋值运算是由乘性运算符、加性运算符或位移运算符加等号(=)实现的，通常采用缩写的形式，主要包括以下几种：

- 乘法赋值(*=)
- 除法赋值(/=)
- 取模赋值(%=)
- 加法赋值(+=)
- 减法赋值(-=)
- 左移赋值(<<=)
- 有符号右移赋值(>>=)
- 无符号右移赋值(>>>=)

例如：

```
var iSum = 10;
iSum += 10；//输出 20
```

上面的代码声明了变量 iSum，并赋值 10，然后将 iSum 再加 10，相当于 iSum= iSum+10。

5. ECMAScript 语句

ECMAScript 语句通常采用一个或多个关键字完成给定的任务。语句可以非常简单，如通知函数退出；也可以非常复杂，如声明一组要反复执行的命令。ECMAScript

的语句包括 if、迭代、标签、with、switch 语句等。本小节介绍 if 和迭代两种有代表性
的语句。

1) if 语句

if 语句是计算机语言中最常用的语句之一, ECMAScript 中也是如此。if 语句的语法为:

```
if
  (条件) 语句块 1
else
  语句块 2
```

其中的"条件"可以是任何表达式, 如果条件计算结果为 true, 则执行语句块 1; 如
果条件计算结果为 false, 则执行语句块 2。语句块可以是一个语句, 也可以是多个语句。
如果是多个语句, 则要把语句放在大括号"{}"中。

　　if 语句还可以串联, 用于选择多于两个的情况, 语法为:

```
if
  (条件 1)语句块 1
else if
  (条件 2)语句块 2
else
  语句块 3
```

如果条件 1 计算结果为 true, 则执行语句块 1; 如果条件 1 计算结果为 false, 则计算
条件 2。如果条件 2 计算结果为 true, 则执行语句块 2; 如果条件 2 计算结果为 false, 则执
行语句块 3。

2) 迭代语句

迭代语句又称为循环语句, 声明一组要反复执行的命令, 直到满足某些条件为止。
ECMAScript 的迭代语句包括 for 语句、do-while 语句、while 语句等。

for 语句是前测试循环, 而且在进入循环之前, 能够初始化变量, 并定义循环后要执
行的代码。它的语法如下:

```
for(初始值; 表达式; 后循环表达式) 语句块
例如:
iSum = 6;
for (var i = 0; i < Sum; i++)
   { alert(i); }
```

上面这段代码定义了初始值为 0 的变量 i。只有当条件表达式(i <iSum)的值为 true 时,
才进入 for 循环, 这样循环主体可能不被执行。如果执行了循环主体, 那么将执行循环后
表达式, 并迭代变量 i。

do-while 语句是后测试循环, 即退出条件在执行循环内部的代码之后计算。这意味着
在计算表达式之前, 至少会执行循环主体一次。它的语法如下:

```
do
  {语句块}
```

```
while
   (表达式)
   例如：
var iSum = 0;
do
   { iSum += 1;}
while
   (iSum < 50);
```

上面的代码声明了变量 iSum 为 0，通过 do-while 语句对 iSum 作循环自加 1 运算，直到 iSum 大于等于 50 才停止循环，在计算表达式之前，自加运算至少会执行循环一次。

6. ECMAScript 函数

在程序设计语言中，可以将一段经常需要使用的代码封装起来，在需要使用时直接调用该代码。所以，函数也可以看作是许多代码的集合，是一个固定的程序段，或称为子程序。函数在可以实现固定运算功能的同时，还带有一个入口和一个出口。所谓入口，就是函数所带的各个参数，我们可以通过这个入口，把函数的参数值代入子程序，供计算机处理；所谓出口，就是指函数的函数值，在计算机求得之后，由此出口带回给调用它的程序。

ECMAScript 的核心是函数。ECMAScript 函数由关键字 function 定义，包括函数名、一组参数，以及置于括号中的待执行代码，语法如下：

```
function functionName(参数) {
    要执行的代码
}
```

例如：

```
function myFunction(a, b) {
  return a * b;
}
```

上面的代码使用关键字 function 声明了一个函数 myFunction，该函数需要两个参数输入，函数体执行两个数相乘，并返回结果。函数的调用方法如下：

```
var xPlus = myFunction(4, 3);
```

函数调用时先写函数名，后面跟小括号及参数。上面的代码调用 myFunction 函数后将返回值保存在变量 xPlus 中。

7. ECMAScript 对象

ECMAScript 将对象定义为属性的无序集合，每个属性存放一个原始值、对象或函数。这意味着对象是无特定顺序的值的数组。这里的原始值指的是没有属性或方法的值。在 ECMAScript 中，几乎"所有事物"都是对象。例如，布尔、字符串、日期、正则表达式、数组等。对象的使用需要先实例化，可以通过 new 关键字进行创建。例如：

```
var vObject = new Object;
var vStringObject = new String;
```

上面的代码声明了 Object 和 String 两个对象实例，并把它们分别存在 vObject 和 vStringObject 中。

对象实例化后，即可访问对象的方法和属性。属性指的是与 ECMAScript 对象相关的值。属性通常可以被修改、添加或删除，但是某些属性是只读的。ECMAScript 对象的方法是能够在对象上执行的动作。例如：

```
var oPerson = {
    firstName: " Steve ",
    lastName : " Jobs ",
    id       : 367,
    fullName : function() {
        return this.firstName + " " + this.lastName;
    }
};
```

上面有代码声明了 oPerson 对象实例，该实例有三个属性，分别是 firstName、lastName 和 id，并为三个属性赋值。对象属性的访问方法如下：

```
objectName.property
```

其中，objectName 为对象实例名称，property 为对象的属性。例如：

```
var vFname=oPerson.firstName ;
```

```
var vLname=oPerson.lastName ;
```

该对象还有一个方法，这个方法类似于一个函数，由方法名、关键字和语句块组成。其调用对象方法如下：

```
var vName=oPerson.fullName();
```

调用对象方法的函数非常相似，在函数名后要加括号。上面一句代码引用了对象 oPerson 的方法 fullName()，该方法连接了对象的两个属性，并将结果返回。返回的值将保存在变量 vName 中。

3.4.4　BOM

浏览器对象模型(Browser Object Model，BOM)，是用于描述对象与对象之间层次关系的模型。浏览器对象模型提供了独立于内容的、可以与浏览器窗口进行互动的对象结构。BOM 由多个对象组成，其中代表浏览器窗口的 Window 对象是 BOM 的顶层对象，其他对象都是该对象的子对象，包括 Screen、Location、History、Navigator 等。

1. Window 对象

Window 对象是 BOM 的核心，用来表示当前浏览器窗口，其中提供了一系列用来操作或访问浏览器的方法和属性。另外，JavaScript 中的所有全局对象、函数以及变量也都属于 Window 对象，我们前面介绍的 document 对象也属于 Window 对象。通过 Window 对象属性可以获取浏览器窗口的高度、宽度、访问历史记录、X 和 Y 坐标等信息，如表 3-14 所示。

表 3-14   window 对象属性

属　　性	描　　述
innerHeight	返回浏览器窗口的高度，不包含工具栏与滚动条
innerWidth	返回浏览器窗口的宽度，不包含工具栏与滚动条
history	对 History 对象的只读引用，该对象中包含了用户在浏览器中访问过的 URL
location	引用窗口或框架的 Location 对象，该对象中包含当前 URL 的有关信息
navigator	对 Navigator 对象的只读引用，该对象中包含当前浏览器的有关信息
outerHeight	返回浏览器窗口的完整高度，包含工具栏与滚动条
outerWidth	返回浏览器窗口的完整宽度，包含工具栏与滚动条
screen	对 Screen 对象的只读引用，该对象中包含计算机屏幕的相关信息
screenLeft	返回浏览器窗口相对于计算机屏幕的 X 坐标
screenTop	返回浏览器窗口相对于计算机屏幕的 Y 坐标
top	返回最顶层的父窗口

Window 对象具有 alert()、open()、close()、scrollTo()等诸多属性，常用于打开或关闭一个浏览器窗口、设置窗口的尺寸、弹出提示框、创建或取消一个定时器、将窗口的内容滚动到指定的坐标等，如表 3-15 所示。

表 3-15   Window 对象方法

属　　性	描　　述
alert()	在浏览器窗口中弹出一个提示框，提示框中有一个确认按钮
open()	打开一个新的浏览器窗口或查找一个已命名的窗口
close()	关闭某个浏览器窗口
clearInterval()	取消由 setInterval()方法设置的定时器
prompt()	显示一个可供用户输入的对话框
resizeBy()	按照指定的像素调整窗口的大小，即将窗口的尺寸增加或减少指定的像素
scrollTo()	将窗口的内容滚动到指定的坐标
setInterval()	创建一个定时器，按照指定的时长(以毫秒计)来不断调用指定的函数或表达式

2. navigator 对象

JavaScript navigator 对象中存储了与浏览器相关的信息，如名称、版本等。我们可以通过 Window 对象的 navigator 属性(即 window.navigator)来引用 navigator 对象，并通过它来获取浏览器的基本信息。navigator 对象属性如表 3-16 所示。

表 3-16   navigator 对象属性

属　　性	方　　法
appCodeName	返回当前浏览器的内部名称(开发代号)
appName	返回浏览器的官方名称
appVersion	返回浏览器的平台和版本信息
cookieEnabled	返回浏览器是否启用 cookie，启用返回 true，禁用返回 false
onLine	返回浏览器是否联网，联网返回 true，断网返回 false
platform	返回浏览器运行的操作系统平台
userAgent	返回浏览器的厂商和版本信息，即浏览器运行的操作系统、浏览器的版本、名称

3.4.5　DOM

文档对象模型(Document Object Model，DOM)，是 W3C 组织推荐的处理可扩展标记语言的标准编程接口。DOM 是一种处理 HTML 和 XML 文件的标准 API，也是文本可视化中最常用的 Web 页面元素访问与操作技术。

1. DOM 树

DOM 提供了对整个文档的访问模型，将文档作为一个树形结构，树的每个结点表示了一个 HTML 标签或标签内的文本项。DOM 树结构精确地描述了 HTML 文档中标签间的相互关联性，如图 3.34 所示。将 HTML 或 XML 文档转化为 DOM 树的过程称为解析(parse)。HTML 文档被解析后，转化为 DOM 树，因此对 HTML 文档的处理可以通过对 DOM 树的操作实现。DOM 模型不仅描述了文档的结构，还定义了结点对象的行为。利用对象的方法和属性，可以方便地访问、修改、添加和删除 DOM 树的结点和内容。

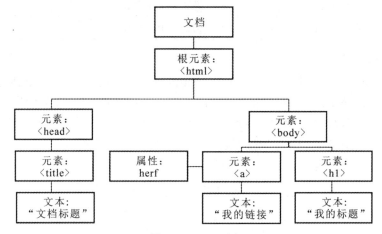

图 3.34　DOM 树

通过 DOM 树，JavaScript 可以对 HTML 文档实施以下操作。

(1) 改变页面中的所有 HTML 元素；
(2) 改变页面中的所有 HTML 属性；
(3) 改变页面中的所有 CSS 样式；
(4) 删除已有的 HTML 元素和属性；
(5) 添加新的 HTML 元素和属性；
(6) 对页面中所有已有的 HTML 事件作出反应；
(7) 在页面中创建新的 HTML 事件。

2. Document 对象

当浏览器加载一个 HTML 文档时，会创建一个 Document 对象，Document 对象是 DOM 树中所有节点的根节点。Document 对象方法如表 3-17 所示。通过这些方法可以查找 HTML 元素，实现对 HTML 元素的修改、删除、插入等操作。在文本可视化中，Document 对象方法通常用于查找 Web 页面中的 div、svg、canvas 等容器元素，实现可视化图表的绘制与呈现。

表 3-17   Document 对象方法

方 法	描 述
document.getElementsByClassName()	返回文档中所有具有指定类名的元素集合
document.getElementById()	返回文档中具有指定 id 属性的元素
document.getElementsByName()	返回具有指定 name 属性的对象集合
document.getElementsByTagName()	返回具有指定标签名的对象集合
document.querySelector()	返回文档中具有指定 CSS 选择器的第一个元素
document.querySelectorAll()	返回文档中具有指定 CSS 选择器的所有元素
document.addEventListener()	向文档中添加事件
document.removeEventListener()	移除文档中的事件句柄
document.createAttribute()	为指定标签添加一个属性节点
document.createElement()	创建一个元素节点
document.createTextNode()	创建一个文本节点

3. Element 对象

使用 Document 对象中提供的方法(如 getElementsByTagName()、getElementById()、getElementsByClassName()等)可以得到 Element 对象,在 Element 对象中同样也提供了一系列方法和属性,来操作文档中的元素或者元素中的属性,如表 3-18 所示。Element 对象属性用于获取或设置元素的属性,包括设置或者返回 HTML 元素的内容、CSS 样式属性、节点名、子节点、节点类型等。

表 3-18   Element 对象属性

Element 对象属性	描 述
element.innerHTML	设置或者返回元素的内容
element.style	设置或返回元素的样式属性
element.attributes	返回一个元素的属性数组
element.childNodes	返回元素的一个子节点的数组
element.className	设置或返回元素的 class 属性
element.firstChild	返回元素中的第一个子元素
element.id	设置或者返回元素的 id
element.lastChild	返回元素的最后一个子元素
element.nodeName	返回元素名称（大写）
element.nodeType	返回元素的节点类型
element.nodeValue	返回元素的节点值

Element 对象方法和 Document 对象方法类似,实现对元素的一些操作,如为元素添加一个新的子元素、获取指定元素的属性值、判断元素是否具有指定的属性、修改指定属性的值、为指定元素定义事件等,如表 3-19 所示。

表 3-19　Element 对象方法

Element 对象方法	描　　述
element.addEventListener()	为指定元素定义事件
element.appendChild()	为元素添加一个新的子元素
element.cloneNode()	克隆某个元素
element.getAttribute()	通过属性名称获取指定元素的属性值
element.getAttributeNode()	通过属性名称获取指定元素的属性节点
element.setAttribute()	设置或者修改指定属性的值
element.hasAttribute()	判断元素是否具有指定的属性,若存在返回 true,若不存在返回 false

3.5　Canvas

Canvas 也称为"画布",是 HTML 5 新增的内容,是一个可以使用 JavaScript 脚本在其中绘制图像的 HTML 元素。它可以用来制作照片集或者制作简单的动画,甚至可以进行实时视频处理和渲染。在文本可视化中,Canvas 常用作图表的容器,即可视化图表通过 Canvas 在浏览器中呈现。

Canvas 是一个矩形区域,可以控制其每个像素。Canvas 拥有多种绘制路径、矩形、圆形、字符以及添加图像的方法。

1. 创建 Canvas

在 HTML 页面中使用 Canvas 时,首先要创建 canvas 元素,也就是向 HTML 页面添加一个画布,并规定其宽度和高度。一般还要指定画布的 id 号。创建的方法为:

```
<canvas id="myCanvas" width="600" height="100"></canvas>
```

上面的代码使用<canvas>标签创建了一个宽为 600 像素,高为 100 像素的矩形画布,作为绘制图形的容器。这个画布没有边框和内容,需要通过 CSS 样式为其添加边框,使用 JavaScript 绘制图形、文本、图像等内容。

2. 绘制图形

Canvas 元素本身是没有绘图能力的。所有的绘制工作必须在 JavaScript 内部完成。绘制的过程包括查找 canvas 元素、创建 context 对象、绘制图形三步。例如:

```
<canvas id="myCanvas" width="500" height="200" style="border:2px solid hsl(248, 78%, 45%)"></canvas>
<script>
        var c = document.getElementById("myCanvas");
        var ctx = c.getContext("2d");
        ctx.fillStyle = "#FF0000";
        ctx.fillRect(100, 50, 100, 150);
</script>
```

上面的代码创建了一个 500 × 200 像素的画布,将画布的边框设置为 2px 的宽度、实线和蓝色。并在其中绘制了一个宽 100 像素,高为 150 像素的红色矩形,如图 3.35 所示。

绘制图形是在 JavaScript 中完成的，也就是<script></script>标签中的部分。绘制过程为：首先，通过 getElementById 找到<canvas>元素；然后，创建 context 对象，getContext("2d")对象是内建的 HTML 5 对象，拥有多种绘制路径、矩形、圆形、字符及添加图像的方法；最后，fillRect(x,y,width,height)定义了矩形的位置和大小，fillStyle 设置 CSS 样式的颜色。

图 3.35　创建 Canvas

3．Canvas 坐标空间

Canvas 是一个二维网格，左上角坐标为(0，0)，如图 3.36 所示。所有元素的位置都相对于原点来定位。所以图中蓝色方形左上角的坐标为距离左边(X 轴)x 像素，距离上边(Y 轴)y 像素，坐标为(x，y)。

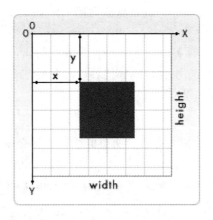

图 3.36　Canvas 坐标空间

4．绘制路径与形状

Canvas 所绘制的图形的基本元素是路径。路径是通过不同颜色和宽度的线段或曲线相连形成的不同形状的点的集合。使用路径绘制图形包括：创建路径起始点、调用绘制方法去绘制出路径、封闭路径、描边或填充路径区域来渲染图形四个步骤。常用的路径与形状的绘制方法如表 3-20 所示。

表 3-20　路径与形状的绘制方法

方　法	描　述
fill()	填充当前绘图(路径)
stroke()	绘制已定义的路径
beginPath()	起始一条路径，或重置当前路径
moveTo()	把路径移动到画布中的指定点，不创建线条
closePath()	创建从当前点回到起始点的路径
lineTo()	添加一个新点，然后在画布中创建从该点到最后指定点的线条
clip()	从原始画布剪切任意形状和尺寸的区域
quadraticCurveTo()	创建二次贝塞尔曲线
bezierCurveTo()	创建三次方贝塞尔曲线
arc()	创建弧/曲线(用于创建圆形或部分圆)
arcTo()	创建两切线之间的弧/曲线
fillRect()	绘制"被填充"的矩形
strokeRect()	绘制矩形(无填充)

代码如下：

```
var c=document.getElementById("myCanvas");
var ctx=c.getContext("2d");
ctx.beginPath();
ctx.moveTo(0,0);
ctx.lineTo(300,150);
ctx.stroke();
```

上面的代码在画布中绘制了一条直线路径，路径的起点为(0，0)，路径的终点坐标为 (300，150)，路径描边为黑色(默认颜色)，如图 3.37 所示。

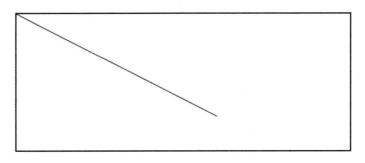

图 3.37　直线路径

5. 绘制文本

Canvas 提供了两种方法来绘制与渲染文本。分别是：

(1) fillText(*text*,*x*,*y*) - 在 canvas 上绘制实心的文本；

(2) strokeText(*text*,*x*,*y*) - 在 canvas 上绘制空心的文本。

绘制文本时可以使用 font 方法来定义字体的属性，如字体族、大小等。例如：

```
var c=document.getElementById("myCanvas");
var ctx=c.getContext("2d");
ctx.fillStyle="#ff0000";
ctx.font="30px 微软雅黑";
ctx.fillText("文本可视化前端技术",10,50);
```

上面的代码使用 fillText(text,x,y)方法绘制了文本，其中"text"为要显示的内容，(*x*，*y*)为文字的坐标。字体的大小为 30px，字体为微软雅黑，如图 3.38 所示。

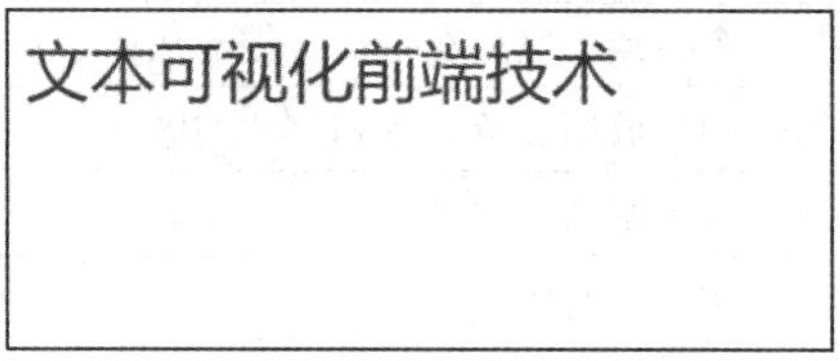

文本可视化前端技术

图 3.38   绘制文本

3.6   SVG

可缩放矢量图形(Scalable Vector Graphic，SVG)，与 JPEG 和 GIF 图像相比，SVG 的尺寸更小，且可压缩性更强。与 Canvas 一样，SVG 也允许用户在浏览器中创建图形，但与 canvas 有本质的不同。SVG 是基于 XML 的 DOM 树，其中的每个元素都是可用的，我们可以为每个元素附加 JavaScript 事件处理器，而 Canvas 是逐像素进行渲染的"扁平"图像。SVG 具有不依赖分辨率、支持事件处理器、适合带有大型渲染区域的应用程序等特点。Canvas 则是依赖分辨率的，并且不支持事件处理器，文本渲染能力较弱。

W3C 的 SVG 工作组于 1998 年成立，致力于开发 SVG 规范。2003 年 1 月 14 日，SVG1.1 版成为 W3C 的推荐标准，参与标准制订的公司主要 Adobe、苹果、IBM 以及柯达等。SVG 2 的标准草案于 2018 年 10 月 4 日成为 W3C 的候选推荐标准。

1. SVG 的应用

SVG 是可以独立存在的文档，它既可以包含在 HTML 文档中，也能够像图像一样引入。在 HTML 文档中嵌入 SVG 的方法如下：

```
<body>
  <svg xmlns="http://www.w3.org/2000/svg" version="1.1">
    <circle cx="100" cy="50" r="40" stroke="black" stroke-width="2" fill="red" />
  </svg>
</body>
```

SVG 通过<svg></svg>标签嵌入到 HTML 页面中，xmlns 用于说明 SVG 的命名空间，以及版本。此时的 SVG 相当于一个绘图的容器，在其中可以绘制各种图形，上例通过<circle>绘制了一个圆，并设定描边的颜色、宽度和颜色。SVG 也可以作为一个图像文件嵌入到 HTML 页面中，如使用<img>标签将 SVG 作为资源嵌入到 HTML 中，或者使用

<embed>标签导入。

2. SVG 图形系统

SVG 图形系统定义了许多可渲染的图形元素，包括矩形、圆形、多边形、直线、曲线、文本、路径元素等。这些图形元素的大小、位置、颜色等外观可以通过属性来控制。除了基本属性外，SVG 还进一步定义了在其中设置信息的结构元素。通过它们可以将其他元素组合成复杂的单元，便于复用和变形转换。SVG 可以通过设置 transform 属性达成平移、旋转或拉伸效果。通常来说，SVG 元素是按照文档顺序呈现的，其结果就是在文档中靠前的元素在视觉上"落后"于靠后的元素。文档中稍后出现的元素将遮挡前面出现的元素。

SVG 使用图形坐标，坐标原点位于左上角，垂直轴方向向下。图形(及其包含的元素)的绝对尺寸由渲染设备决定。此外，SVG 可以接收用户事件并调用合适的事件处理程序。SVG 根据事件进行更改，从而提供一种交互式图形用户界面。下面是一个 SVG 绘制四边形的实例。

```
<body>
    <svg height="250" width="500" xmlns="http://www.w3.org/2000/svg" version="1.1" >
            <polygon points="220,10 300,210 170,250 123,234" style="fill:lime;stroke:purple;
stroke-width:1" />
    </svg>
</body>
```

上面的代码首先将 svg 嵌入在 html 页面中，通过<svg>标签定义图形画布的大小为 250×500 像素。然后使用<polygon>标签绘制四边形，point 定义了四边形四个顶点的位置，style 样式定义了填充和描边颜色、描边的宽度，结果如图 3.39 所示。

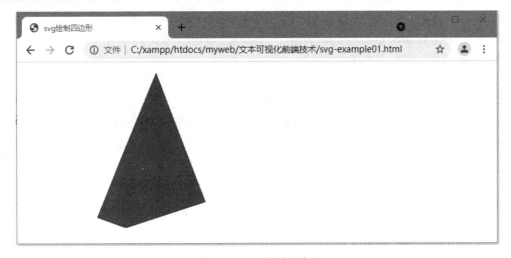

图 3.39　svg 绘制四边形

3. SVG 元素

SVG 绘图系统提供了丰富的图形元素，包括矩形、圆形、椭圆、直线、多边形、滤镜、描边等，下面介绍部分主要的元素、功能与实例、属性，如表 3-21 所示。

表 3-21　SVG 元素

元　　素	功能与实例	属　　性
<circle>	定义一个圆。如：<circle cx="100" cy="50" r="40" stroke="black" stroke-width="2" fill="red" />	cx="圆的 x 轴坐标"，cy="圆的 y 轴坐标"，r="圆的半径" +显现属性：颜色、FillStroke、填充
<ellipse>	定义一个椭圆。如：<ellipse cx="300" cy="80" rx="100" ry="50" style="fill:yellow;stroke:purple;stroke-width:2"/>	cx="椭圆 x 轴坐标" cy="椭圆 y 轴坐标" rx="沿 x 轴椭圆形的半径"，必需 ry="沿 y 轴长椭圆形的半径"，必需 + 显现属性：颜色、描边、填充
feColorMatrix	SVG 滤镜。适用矩阵转换	——
glyph	为给定的象形符号定义图形	——
<polygon>	定义一个包含至少三边图形。 如：<polygon points="200,10 250,190 160, 210" style= "fill:lime;stroke:purple;stroke-width:1"/>	points="多边形的点,点的总数必须是偶数"，必需 fill-rule="FillStroke 演示属性的部分" +显现属性：颜色、描边、填充等
<polyline>	定义只有直线组成的任意形状。如：<polyline points="20,20　40,25　60,40　80,120　120,140 200,180" style="fill:none;stroke:black;stroke-width:3" />	points=折线上的"点"，必需的 + 显现属性：颜色、描边、填充等
<text></text>	定义文本。如<text x="0" y="15" fill="red">I love SVG</text>	x="列表的 X 轴的位置 y="列表的 Y 轴位置 + 显现属性：颜色、描边、填充、字体等

　　下面的例子使用<text></text>标签定义了一行文本，并作了旋转变换处理，效果如图 3.40 所示。文本的起始位置是(20,35)，颜色为蓝色。Transform 为变换处理，此处是将文本作了旋转处理，rotate([角度][px,py])共有三个参数，第一个参数是旋转角度，后面两个参数是旋转中心点，默认是在(0，0)旋转。代码如下：

```
<body>
<svg xmlns="http://www.w3.org/2000/svg" version="1.1">
  <text x="20" y="35" fill="blue" transform="rotate(30 20,40)">文本可视化 svg 技术</text>
</svg>
</body>
```

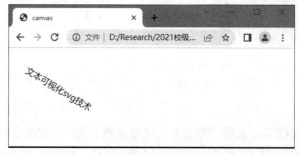

图 3.40　SVG 文本效果图

3.7　D3

D3.js(Data-Driven Document，或称 D3，数据驱动文档)是一个基于 JavaScript 的数据可视化库，使用 HTML、SVG 和 CSS 将数据变为可视化图表。D3.js 以操作文档对象模型(Document Object Model，DOM)树的方式向用户直观地展示数据信息。D3 可以将数据绑定到 DOM 上，然后根据数据来计算对应 DOM 的属性值。

3.7.1　D3 的安装

D3 是一个 JavaScript 函数库，并不需要通常所说的"安装"。它只有一个文件，可以在 HTML 中引用。安装有如下两种方法：

(1) 下载 D3.js 的文件。解压后，在 HTML 文件中包含相关的 js 文件即可。将 d3.js 或 d3.min,js 文件拷贝到项目目录中，然后通过<script></script>引入，方法为：

<script src=" d3.min.js" charset="utf-8"></script>

(2) 直接包含网络的链接。这种方法较简单，但使用的时候要保持网络连接有效，不能在断网的情况下使用，方法为：

<script src="http://d3js.org/d3.v3.min.js" charset="utf-8"></script>

3.7.2　D3 的工作原理

使用 D3 时，实际上是在创建和操作 Web 文档中的元素。d3.js 库将在页面中找到一个 div 元素，将一个数据集绑定到它，然后根据数据集中的值设置该元素的属性。D3 是由数据驱动的，Web 页面上的更改是由预期要"绑定"的数据生成的。D3 可以处理网页上找到的任何元素，并通过将数据绑定到该元素并相应地设置该元素的属性来修改它。

1) 选择元素

D3 采用声明性方法，对 HTML 中称为 selections 的任意节点集进行操作。例如：

```
d3.selectAll("p").style("color", "blue");
```

上面的代码按标签名称("p")选择节点，修改了颜色属性。D3 提供了多种改变节点的方法。例如，设置属性或样式；注册事件监听器；添加、删除或排序节点；更改 HTML 或文本内容。

2) 数据绑定

在 D3 中，我们可以将数据绑定到 DOM 中的 HTML 元素。该方法类似于将数据关联到元素，这些元素稍后可以被引用来执行操作。数据绑定采用 data()方法，可实现的是一个数据数组被绑定到页面元素。

```
<div id="viewtext"></div>
<script>
    data = [1, 2, 3, 4];
    d3.select("#viewtext ")
```

```
        .selectAll("p")
        .data(data)
        .enter()
        .append("p")
        .text("文本可视化 D3.js 技术");
</script>
```

上面的代码通过 d3.select 方法选择 id="viewtext"的 div 块，并将数据绑定到 div 块中。Data 是一个数组，其中定义了四个元素，具体如下：

(1) data()方法将数据绑定到空选择，它将返回数据集中的四个数据值。

(2) enter()方法用于在加载数据时，遍历数据集，并将所有方法应用于数据集的每个值。enter()方法为找不到相应 DOM 元素的每个数据元素创建占位符。因为它是迭代的，所以它将创建四个占位符。

(3) append("p")方法将在每个没有"p"元素的占位符中插入一个段落。

(4) text()方法用于在段落中添加文本。

3）属性修改

我们可以通过 attr()方法设置页面元素的属性。它的基本格式为：attr("属性",值)。下面的例子说明了 attr()方法的应用。

```
<body>
    <div id="histgram"></div>
    <script>
        w = 150;
        h = 155;
        data = [40, 120, 30, 60,90];
        svg = d3.select('#histgram')
            .append("svg");
            svg.selectAll("rect")
            .data(data)
            .enter()
            .append("rect")
            .attr("x", (d, i) => (i * 25 + 30))
            .attr("y", d => h - d)
            .attr("width", 20)
            .attr("height", d => d)
            .attr("fill", "steelblue");
    </script>
</body>
```

上面的示例绘制了直方图，如图 3.41 所示。图中以 svg 作为图形的容器，在其中绘制矩形。数据绑定 data 中的 5 个数值作为矩形的高度，attr()设置了矩形的宽度、高度、坐标及填充色。

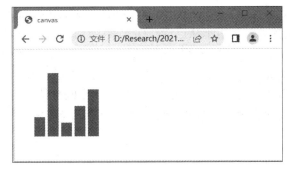

图 3.41　直方图绘制效果图

3.7.3　D3 的 API 组成

D3 提供了大量的 API 接口，供用户绘图调用。D3 官方文档将它们分为核心、地理、几何图形、布局、比例尺、可缩放矢量、时间、行为等模块。核心模块是 D3 中最常用的功能模块，主要包括选择器、过渡、数据处理、本地化、颜色等方法。地理模块用于地理信息处理与可视化，包括地理路径处理、地理投影等球面坐标和经纬度运算。几何图形模块提供绘制 2D 几何图形的实用工具，如泰森多边形、四叉树、凸包等。布局模块提供各种布局算法，用于可视化元素的推导定位。比例尺的主要作用是数据编码和视觉编码之间转换。可缩放矢量提供用于创建可伸缩矢量图形的实用工具。时间模块用于解析或格式化时间，计算日历的时间间隔等。行为模块用于创建拖动和绽放等可重用的交互行为。本小节将以选择器、过渡、布局为例说明 API 的功能及用法。

1. 选择器

选择器是 D3 最常用的模块，用于从当前文档中抽取的一个或组元素。D3 使用 CSS3 来选择页面元素。例如，你可以使用的选择方式有标签("div")、类（".awesome"）、id 标识符（"#foo"）、属性（"[color=red]"）或者包含（"parent child"）。D3 的选择器包括选择元素、操作选择、动画和交互、子选择等功能。D3 提供了两种高级方法来选择元素，即 select 和 selectAll。这些方法接收选择器字符串。前者只返回第一个匹配的元素，后者选择在文档遍历次序中所有匹配的元素。方法为：

> d3.select(selector)或 d3.select(node)
> d3.selectAll(selector)或 d3.selectAll(nodes)

d3.select(selector)用于选中与指定选择器字符串匹配的第一个元素，返回单元素选择结果。如果当前文档中没有匹配的元素则返回空的选择。如果有多个元素被选中，只有第一个匹配的元素(在文档遍历次序中)被选中。d3.select(node)用于选择指定的节点。

d3.selectAll(selector)会选中匹配指定选择器的所有的元素。这些元素会按照文档的遍历顺序(从上到下)选择。如果当前文档中没有匹配的元素则返回空值 null。

选择元素后，选择器就可以对选择的元素属性进行修改、更新等操作。方法为：

> selection.attr(name[, value])

上面的方法通过 name 指定元素的属性，将属性值设置为 value 指定的值。指定属性的方法还可以是 selection.classed(name[, value])、selection.style(name[, value[, priority]])、 selection.property(name[, value])、selection.text([value])、selection.html([value])等。

D3 还提供了子选择方法，用于从已选择的元素中选择一个或多个元素。方法为：

> selection.select(selector)
>
> selection.selectAll(selector)

上面两个选择器对当前选中的每个元素，选中第一个匹配特定的选择器字符串 selector 的子代元素。如果当前元素没有元素匹配特定的选择器，当前索引处的元素在返回的选择中将是空值 null。

2. 过渡

过渡是一种特殊类型的选择器(selection)，可以让动作随时间平滑而不是瞬间变换。D3 可以使用 transition() 操作符从选择得到一个过渡。过渡的语法为：

> d3.transition([selection], [name])

上面的代码用于创建一个动画过渡，但是由于每个选择集中都有 transition()方法，可用 d3.select(document).transition()的方式来创建过渡，因此一般不直接用 d3.transition()。应用过渡时经常需要设定每个元素的延迟和持续时间，需要使用 transition.delay([delay])和 transition.duration([duration])方法。前者是指过渡的延迟时间，以毫秒为单位，后者指定每个元素的持续时间(duration)，单位同样为毫秒。

指定过渡的元素及时间后，需要设定过渡的内容，常用的方法有：

> transition.attr(name, value)
>
> transition.attrTween(name, tween)
>
> transition.style(name, value[, priority])
>
> transition.styleTween(name, tween[, priority])
>
> transition.text(value)

transition.attr(name, value)用于指定过渡属性和值。过渡的初始值是当前属性值，结束值是指定的值。transition.attrTween(name, tween)根据指定的补间(tween)函数，为指定的名称(name)设置过渡属性值。其他几种方法的用法与之类似。

D3 还提供了许多内置插值器来简化任意值的过渡。插值器是一个函数，用来将值域中的参数值映射为一种颜色数字或任意值，语法为：

> d3.interpolate(a, b)

上述方法将返回一个介于 a 和 b 之间的默认插值器。插值器的类型取决于后面一个值 b 的类型，可以使用以下算法：

(1) 如果 b 是颜色(color)类型，返回 interpolateRgb 插值器；

(2) 如果 b 是字符串(string)类型，返回 interpolateString 插值器；

(3) 如果 b 是数组(array)类型，返回 interpolateArray 插值器；

(4) 如果 b 是对象(object)类型，且不能强制转换为数字类型，返回 interpolateObject 插值器。

3. 布局

布局是 D3 中很重要的一种应用，它的意义就在于帮助你计算出方便绘图的数据。D3 的布局，实际上是一个转换函数，即将原始数据转换为该布局需要的数据。但是转换后的数据并不能直接通过布局生成图形，仍然需要自己根据数据去添加图形。D3 提供了 12 种常用的布局方法，分别是捆图(Bundle)、弦图(Chord)、集群图(Cluster)、力导向图(Force)、层级图(Hierarchy)、直方图(Histogram)、饼状图(Pie)、堆栈图(Stack)、打包图(Pack)、分区图(Partition)、树状图(Tree)和矩阵树图(Treemap)。下面以力导向图为例说明布局方法。

力导向图(Force)是绘图的一种算法。在二维或三维空间里配置节点，节点之间用线连接，称为连线。各连线的长度几乎相等，且尽可能不相交。节点和连线都被施加了力的作用，力是根据节点和连线的相对位置计算的。根据力的作用，来计算节点和连线的运动轨迹，并不断降低它们的能量，最终达到一种能量很低的安定状态。例如，力导向图可以用于描述企业之间的关系，社交网络中的人际关系等，如图 3.42 所示。

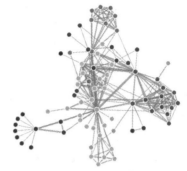

图 3.42　力导向布局

D3 提供了一系列力导向布局的 API 函数，用于设置力布局中的各种参数。D3 的力布局算法主要是模拟电荷的相互作用力来实现。自然界中，两个电子靠得太近会产生斥力，隔得太远会产生引力，保持一个平衡状态才达到维持物体形态的目的。D3 的力导向算法通过四叉树算法对其进行了优化，力导向布局函数如表 3-22 所示。

表 3-22　力导向布局函数

API 函数	功　　能
d3.forceSimulation	创建一个新的力学仿真
simulation.force	添加或移除一个力模型
simulation.nodes	设置仿真的节点
d3.layout.force	使用物理模拟排放链接节点的位置
force.alpha	取得或者设置力布局的冷却参数
force.chargeDistance	取得或者设置最大电荷距离
force.charge	取得或者设置电荷强度
force.drag	给节点绑定拖动行为
force.friction	取得或者设置摩擦系数
force.gravity	取得或者设置重力强度
force.linkDistance	取得或者设置链接距离
force.linkStrength	取得或者设置链接强度
force.links	取得或者设置节点间的链接数组
force.nodes	取得或者设置布局的节点数组
force.on	监听在计算布局位置时的更新
force.resume	重新加热冷却参数，并重启模拟
force.size	取得或者设置布局大小
force.start	当节点变化时启动或者重启模拟
force.stop	立即停止模拟
force.theta	取得或者设置电荷作用的精度
force.tick	运行布局模拟的一步

力导向布局的使用包括创建一个新的力学仿真、初始化导入节点、建立节点四叉树、斥力优化、节点连线处理、布局形成等几个环节。

3.8 ECharts

ECharts 是一个使用 JavaScript 实现的开源可视化库，可以流畅地运行在 PC 和移动设备上，兼容当前绝大部分浏览器，底层依赖矢量图形库 ZRender，且能提供直观、交互丰富、可高度个性化定制的数据可视化图表。ECharts 提供了常规的折线图、柱状图、散点图、饼图、K 线图，用于统计的盒形图，用于地理数据可视化的地图、热力图、线图，用于关系数据可视化的关系图、树图、旭日图，多维数据可视化的平行坐标，还有用于商业智能的漏斗图，仪表盘，并且支持图与图之间的混搭。

ECharts 使用一个多功能 JSON 格式选项来声明组件、样式、数据和交互，从而形成无逻辑和无状态模式。JSON 格式的主要优点是安全地存储、传输和执行，并且易于进一步验证。

1. ECharts 的安装

ECharts 支持在 HTML 页面中引入的模式来装，可以将 ECharts 库先下载到本地，然后通过<script></script>标签引入。ECharts 提供了多种下载方式，包括 npm 方式、从 CDN 获取、GitHub 上获取等。例如，我们可以从 jsDelivr CDN 上获取，单击并保存为 echarts.js 文件，然后在 html 文件中引入，代码如下：

```
<!DOCTYPE html>
<html>
  <head>
    <meta charset="utf-8" />
    <!-- 引入刚刚下载的 ECharts 文件 -->
    <script src="echarts.js"></script>
  </head>
</html>
```

2. 使用 ECharts 绘图

使用 ECharts 绘图的过程包括图表容器定义、初始化 ECharts 实例、图表配置、图表显示几个环节。我们以 ECharts 官网提供的简单图表绘制为例，说明 ECharts 的使用。代码如下：

```
<!DOCTYPE html>
<html>
  <head>
    <meta charset="utf-8" />
    <title>ECharts</title>
    <!-- 引入刚刚下载的 ECharts 文件 -->
    <script src="echarts.js"></script>
  </head>
```

```
<body>
    <!-- 为 ECharts 准备一个定义了宽高的 DOM -->
    <div id="main" style="width: 600px;height:400px;"></div>
    <script type="text/JavaScript">
        // 基于准备好的 dom，初始化 echarts 实例
        var myChart = echarts.init(document.getElementById('main'));
        // 指定图表的配置项和数据
        var option = {
            title: {
                text: 'ECharts 入门示例'
            },
            tooltip: {},
            legend: {
                data: ['销量']
            },
            xAxis: {
                data: ['衬衫','羊毛衫','雪纺衫','裤子','高跟鞋','袜子']
            },
            yAxis: {},
            series: [
                {
                    name: '销量',
                    type: 'bar',
                    data: [5, 20, 36, 10, 10, 20]
                }
            ]
        };

        // 使用刚指定的配置项和数据显示图表。
        myChart.setOption(option);
    </script>
</body>
</html>
```

　　上面的实例基于 html 文件引入 ECharts 组件，使用 div 块在绘图前为 ECharts 准备一个的 DOM 容器，容器的 id 为"main"，大小为 600 × 400 像素。

```
<div id="main" style="width: 600px;height:400px;"></div>
```

　　然后通过 echarts.init 方法初始化一个 ECharts 实例，并将 id 为"main"的 div 块作为绘图的容器然后通过 varoption 方式指定图表的配置项和数据。图表的配置项包括 title(标题)、legend(图例)、xAxis、series(交互提示、图表类型、数据等)。最后通过 myChart.setOption(option)

显示图表，效果如图 3.43 所示。

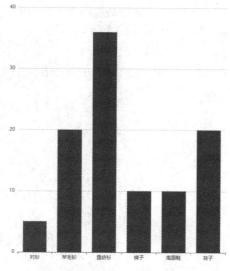

图 3.43　ECharts 入门示例

习 题 与 实 践

1. 什么是 Web，请阐述 Web 前端技术的发展历程。
2. 文本可视化前端技术包括哪些主要技术？各有什么特点和功能。
3. HTML 有块级元素与内联元素的区别是什么，请举例说明。
4. HTML 标签有哪几种类型的标签，各有什么作用？
5. CSS 样式的作用是什么？如何使用？
6. 什么是 CSS 的盒子模型？请说明盒子每一个部分的作用。
7. 请举例说明，JavaScript 有哪几个部分组成？JavaScript DOM 的作用是什么？
8. Canvas 与 SVG 的区别是什么？用 SVG 和 Canvas 绘制一个可视化图表，如图 3.44 所示，图的颜色可以自行定义。

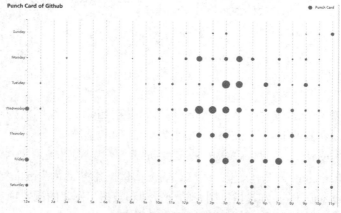

图 3.44　饼图和折线图

9. 分别用 D3.js 和 ECharts 绘制 1949 年至 2022 年中国 GDP(国内生产总值)发展的柱状图，具有交互功能。最终效果可参考图 3.45，图的颜色可以自行定义。

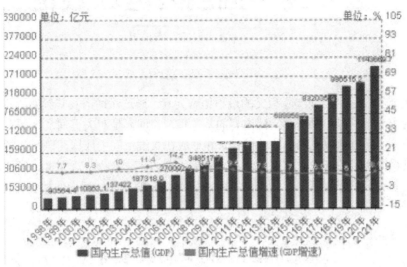

图 3.45 中国 1998 年～2021 年国内生产总值

第4章 词云内容可视化

词语是能够表达字面或实际意义的最小语言元素。通过对词语及其频率的可视化，可以对文档的内容进行总结，以理解文档内容的基本情况。词云是对关键词及其频率进行可视化最常用的方式。通过提取文档中的关键词，并形成在二维空间中依据词语及其频率排布的词云，词云以直观明了的形式向人们展示了文本的主要内容。本章将对文本词云技术作详细介绍，主要包括词云的发展背景、词云的视觉编码、词云的布局、词云的扩展、词云实现。

4.1 词云的发展背景

词云(word cloud)也称为标签云(Tag cloud)，其概念可以追溯到米尔格拉姆的巴黎心理图。1976 年，社会心理学家斯坦利·米尔格拉姆(Stanley Milgram)要求人们说出巴黎的地标名称，用字号编码对应地标名称的投票数，每个单词大致放在地图上相应的兴趣点位置，并绘制了一张地图，如图 4.1 所示。投票数越多的地名在图中对应的字号越大，这样可以让读者清晰地了解投票结果。

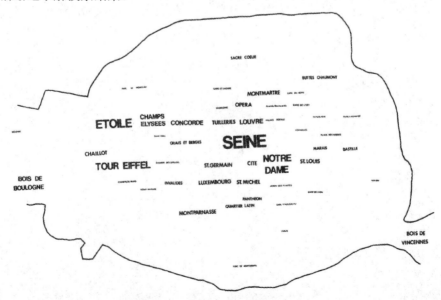

图 4.1　米尔格拉姆的巴黎心理图

之后，词云在很多领域得到了推广和应用。例如，2004 年，共享网站 Flickr 允许人们将照片上传到网站时，可以写下照片对应的标签，如在海滩拍摄的照片可能有一个或多个标签

(“海滩”“日落”“海”或“风景”等)。Flickr 会在其网页上总结并显示一些最流行的使用标签，并生成词云，这也是词云被称为“标签云”的原因。在标签云的帮助下，用户可以浏览并查看哪些标签是热门的，然后单击并浏览所有带有相同标签的照片，如图 4.2 所示。

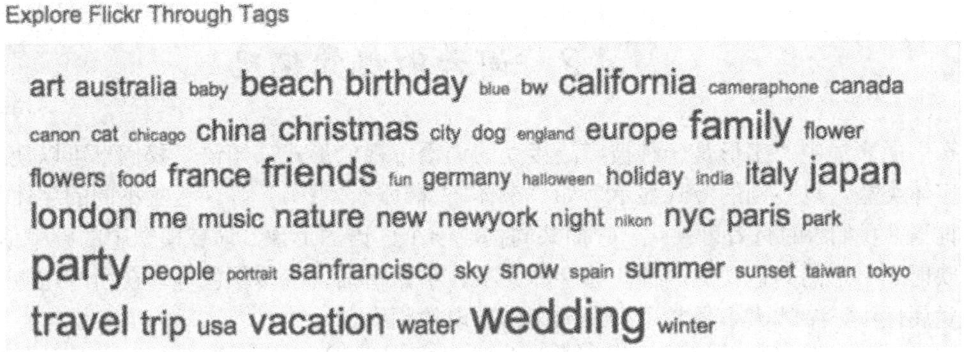

Explore Flickr Through Tags
art australia baby beach birthday blue bw california cameraphone canada
canon cat chicago china christmas city dog england europe family flower
flowers food france friends fun germany halloween holiday india italy japan
london me music nature new newyork night nikon nyc paris park
party people portrait sanfrancisco sky snow spain summer sunset taiwan tokyo
travel trip usa vacation water wedding winter

图 4.2　Flickr 网站的标签云

如今，词云已经在各领域得到了广泛的应用。例如，一些发布会、行业报告都喜欢使用词云这种形式，将信息的关键词组成形象生动的图案，一下子就能抓人眼球，图 4.3 所示为 2018 年数字经济年度关键词词云。普通用户可以使用词云制作个人简历和邮件个性签名，印制纪念品和海报。教育行业，工作者可以使用词云概括课程。人们热衷使用词云的主要原因是词云可以帮助人们快速查找特定单词的大小和位置，快速识别词云描述的主题，以便人们进一步探索感兴趣的内容，形成关于内容的总体想法。

人工智能
区块链
物联网
共享经济
新零售
大数据
云计算
智能
去中心化
重构
数据安全
万物相通
跨境电商
虚拟现实
赋能
共享
技术创新
算法
安全
比特币
实体经济
数字
新制造
制度创新
数字化
数据流动
新经济
5G
生态
整合
全球化
工业互联网
EWPT
普惠
变革
无人驾驶
平台
数字化转型
一带一路
智慧城市
创新
深度融合
监管
智能制造
数字经济体
全球资管中心
量子
高质量
数字治理
数据资源
数字货币
分享
商业创新
城市大脑
互联网+
包容
共享汽车
供给侧改革

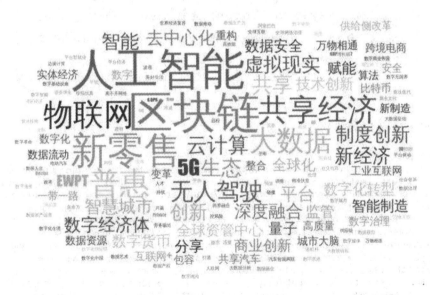

图 4.3　2018 年数字经济年度关键词词云

近年来，随着词云被大量使用，相关的研究和设计也逐渐丰富。例如，文本分类中一项烦琐的任务是标记训练数据。研究表明：用户使用词云标记文档的速度是使用全文文档的两倍。虽然词云有各种各样的好处，但也存在一些不足。例如，词云基于词袋模型，忽略了上下文信息，而整体意义一般不能被视为其组成词各自意义的总和。此外，有研究认为词云不能成为一个有效的数据分析工具。尽管如此，词云仍然是一种流行且成功的方法，可以帮助人们快速了解文本。越来越多的研究者在不断地试图增强词云的表达能力，探究词云的视觉编码、布局方法和交互方式，逐渐发展出了多样的词云外观，大大丰富了词云的内涵。

4.2 词云的视觉编码

在书面表述中，字形是一种被广泛接受的词语可视化形式。词语"我们"可以使用不同的字体类型，以不同的方式显示，如"宋体""楷体""隶书"等。这些不同的字体类型都是词语"我们"的有效可视化，它们共同构成一个词语的形象。词袋模型中的频率信息，可以映射到字形的其他视觉属性，如字体大小、字体粗细、字体颜色等。在所有这些字形的视觉属性中，字体大小最常用于表示词语出现的频率。

词云使用的主要视觉编码通道是文字本身，其中用字体大小表示单词重要性(通常为词频)是最常见的编码方式。早期的词云主要使用于网站中，通过 HTML 技术实现标签按行排列。图 4.4 和图 4.5 所示为 Clusty.com 网站词云和 Technorati's 网站标签云，图中通过字体的加粗样式及大小变化来展示网站中使用最多的标签，每个标签中增加超链接，作为网站导航和检索的工具。

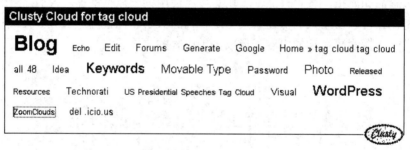

图 4.4 Clusty.com 网站词云

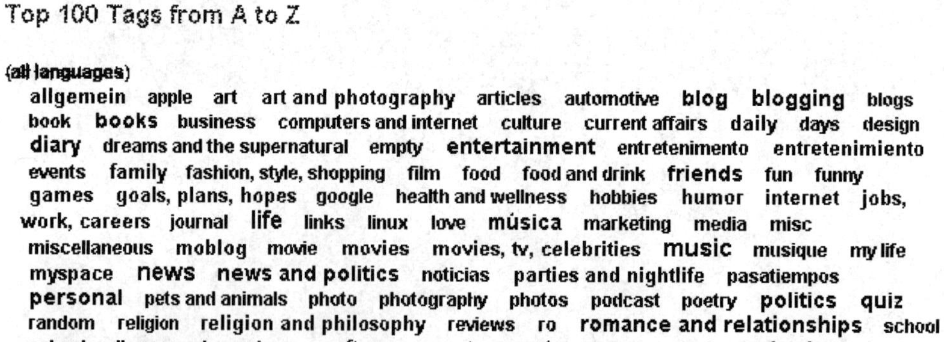

图 4.5 Technorati's 网站标签云

此外，词云也使用颜色、透明度等作为词频的冗余编码(指对同一维度同时使用多个通道进行编码)，或者表示除词频外的其他信息。例如，在多文档词云中，可以使用颜色区分从上一个时间步到当前时间步单词发生的变化，也可以使用透明度加字体大小的组合表示单词的频率，以美化词云的视觉效果，如图 4.6 所示。

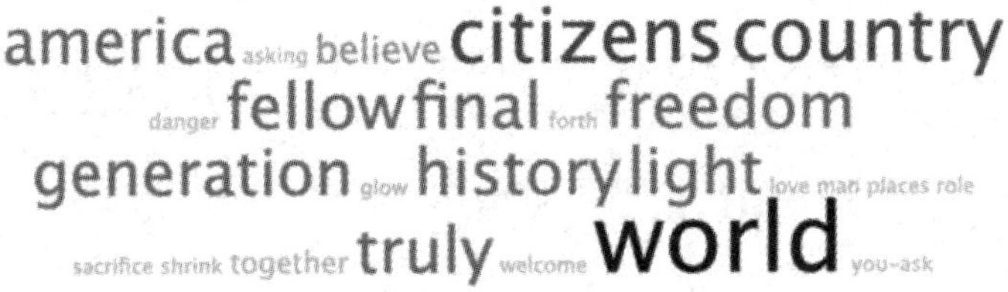

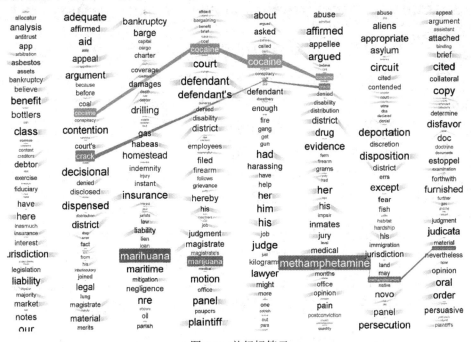

图 4.6　颜色和透明度编码

　　研究人员尝试过为词云添加其他可视化图形，但在不破坏词云美观性的前提下，使用附加符号是比较困难的事情，目前常见的方法是通过添加折线表示词频变化趋势。例如，Collins 等人在美国法院案件判决书大型语料的文本分析中，提出了并行标签云(Parallel Tag Clouds，PTC)的方法，即结合平行坐标系和传统标签云，提供文档集合的丰富概览，同时作为探索单个文本的入口点。在 PTC 中，使用上下文中的细节显示和可视化数据第二个方面(如时间)的变化来扩充基本的并行标记云，数据在时序上发生的变化通过平行坐标系中的连线来展示，如图 4.7 所示。

图 4.7　并行标签云

　　火花云(SparkClouds)是另一种用于可视化词语随时间变化趋势的标签云。SparkClouds 为标签云中的每个单词添加火花趋势线(Sparklines)用以展示时序数据，如图 4.8 所示。字体大小对整个时间段上的总频率或特定时间点上的频率进行编码，单词下面的火花线说明了相应单词频率随时间变化的趋势。在图 4.8 中，火花线是简化的线图，其轴或坐标是隐含的，而不是显式绘制或标记的。一个小火花描绘了词语(垂直轴)在不同时间(水平轴)的流行程度。如果两个单词在功能上映射到相同的字体大小，火花线图可以指示其中一个是否比另一个出现更频繁。

图 4.8　火花趋势线图

　　虽然 SparkClouds 和并行标签云(PTC)都能展示词频随时间变化的趋势，但它们都不能显示术语之间的关系，因此无法判断可视化随时间变化的单词共现关系。时变高亮显示可视化词云系统(Time-varying co-occurrence highlighting)将彩色直方图与标签云结合起来，以展示随时间变化的单词共现关系。当用户单击某个单词进行交互时，该系统会高亮显示与之共现的单词以及共现的时间段，如图 4.9 所示。图 4.9(a)所示为时变共现高亮显示可视化系统界面，图 4.9(b)展示的是"open"和"tennis"的共现关系。通过这种方式，可以从文本中直观地探索大量术语，并发现特定上下文中的相关关系、事件和趋势。

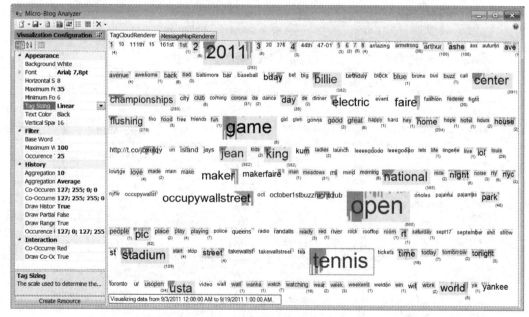

(a) 系统界面

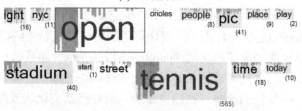

(b)　"open"和"tennis"的共现关系

图 4.9　时变共现高亮显示可视化词云系统

　　MapClouds 是一种可视化时间和空间的地图标签云系统，使用文字的亮度、大小、变形程度和透明度来表现频率随时间的变化情况, 如图 4.10 所示。MapClouds 使用不同编码对地图上的时空标记进行可视化。首先, 文本按地理位置进行划分, 文字的亮度和大小用于编码词语总体的频率。然后, 文字颜色背景和带颜色的水平线段用于展示词语频率随时间的变化, 说明不同时间下的重要性。最后, 带颜色的日历表和圆形符号展示词语重复出现或循环的数据规律。MapClouds 综合地展示了不同编码通道可视化的效果, 给用户提供了多样的选择。

图 4.10　MapClouds

设计词云时添加过于复杂的视觉编码方式可能会损害词云自身易读性, 给人们带来认知上的额外负担。因此, 设计词云时如果要采用不常见的编码方式或添加较复杂的可视化图形, 应该慎之又慎。

4.3　词云的布局

词云的布局是指词语在一定空间内的排布方式, 它决定了词语以怎样的路径尝试放置。词云布局的核心问题是如何在保证易读性的情况下减少词云中的空白, 同时防止词语重叠, 也就是碰撞检测。从最初的行列排序布局开始, 到目前为止, 已经有相当多的研究来改进词云布局。本节对词云的布局方法进行介绍, 主要包括行列排序布局、贪婪算法布局、接缝雕刻算法布局、力导向布局等。

4.3.1　行列排序布局

行列排序布局也称为水平和垂直排列布局, 是最古老、最简单的词云布局方法。生成行列排序布局的词云时, 词语按字母顺序或相对重要性水平和垂直排列, 其字体大小等于重要性权值, 如图 4.11 所示。这种布局方法的优点是结构清晰, 一目了然。然而, 由于字体大小不规则, 行和词之间不可避免地会浪费空间, 这种布局方式相对比较死板, 美观性较差。

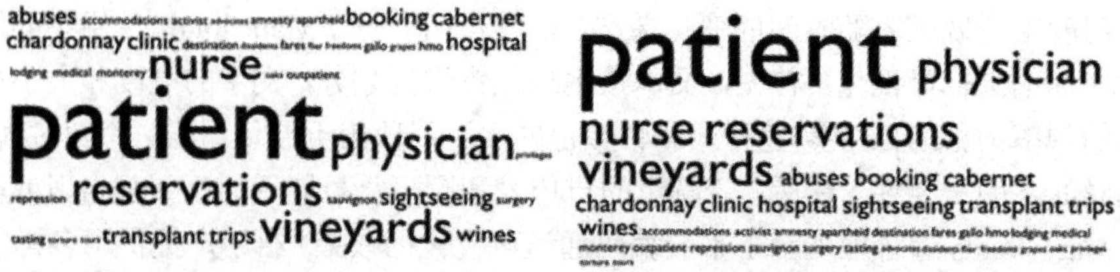

(a) 基于字母顺序   (b) 基于频率值

图 4.11   行列排序布局的词云图

　　行列排序布局早期主要通过将词语嵌入到 HTML 标记中，并将词频或权重值与字体的大小、粗细等属性相关联，词语之间通过空格进行间隔来实现词云的布局，如图 4.12 所示。但这种词云存在浪费的空间，且在视觉上也不能令人满意。

图 4.12   基于 HTML 的词云布局

　　电子设计自动化(Electronic Design Automation，EDA)打包算法对基于 HTML 的词云布局进行了改进，使得词语之间的排布更加紧密，获得了更好的视觉效果，如图 4.13 所示。随着 CSS 技术的发展，也有研究人员使用 HTML 表格和层叠样式表(CSS)对 HTML 的词云布局进行改进。并行标签云(PTC)和 SparkClouds 也是典型的行列排序的词云。

图 4.13   基于 EDA 的 HTML 的词云布局

4.3.2　贪婪算法布局

贪婪算法(greedy)又称贪心算法，是指在对求解问题时，总是做出在当前看来是最好的选择。贪婪算法的核心就是将单词按照权重由大到小排序，然后从画布中间开始按照顺序逐个摆放，要摆放的单词需要与已放置的单词之间进行碰撞检测，如果发现与已放置的单词产生交叠，要摆放的单词沿着阿基米德螺旋线的路径往外移动一步；重复进行碰撞检测和往外移动步骤，直到没有交叠将单词放下为止；重复以上过程直至摆放好所有单词。这种贪婪算法尽管复杂度较高，但是其生成的词云图具有高度美观性，目前非常流行。例如，目前最受欢迎的 Wordle 词云图就采用了贪婪算法进行布局。Wordle 生成的词云自然、美观且紧凑，诞生以来倍受欢迎，积累了成千上万的用户，如图 4.14 所示。

图 4.14　Wordle 词云图

传统的 Wordle 存在不一致性的问题，即在词云的调整过程中，会将摆放不正确的单词单纯地移动到其他空白区域，这样有可能导致全局大量单词的位置需要改变，最后导致词云结果不尽如人意。EdWordle 是在 Wordle 基础上进行改进的一种一致性词云编辑算法，其核心为定制的刚体动力学仿真(Customized Rigid Body Dynamics)和局部词云布局算法(Local Wordle Layout Algorithm)。其中，定制的刚体动力学是将每个单词看作刚体，并且对此定义了两种受力，分别为相邻单词的吸引力和中心的吸引力，使得单词之间可以相互吸引，紧凑且靠近中心。局部词云布局算法，是在刚体运动结束之后，优化整体布局的边界部分。图 4.15 所示为 EdWordle 的布局示例，该案例可视化了 BBC 新闻提要，图 4.15(a)为输入文字的常规布局；图 4.15(b)使用 EdWordle 将相关单词按语义分组，每个故事为一组。每个组在空间上组织在一起并进行颜色编码，创建了一个可以称之为"讲故事云的布局"。

(a) 常规布局　　　　　　　　　　　　(b) 语义分组布局

图 4.15　EdWordle 词云图

4.3.3 接缝雕刻算法布局

接缝雕刻算法(Seam-Carving)是一种针对图像内容进行感知进而调整图像大小的算法,可以缩小或放大图像。其基本思想是,图像中不同的位置"能量"不同,即重要内容的地方能量大,反之,可有可无的内容的位置能量小。接缝雕刻算法首先通过能量函数估计像素的重要性。然后,迭代地选择一条从上到下(或从左到右)穿过图像的低能像素接缝,通过在两个方向上雕刻或插入选定的接缝,可以成功地改变图像的大小,同时保留图像结构。

词云布局可以根据单词分布来构造能量场,并基于接缝雕刻算法移除能量最低的空白,该算法可以通过从布局中反复删除从上到下(或从左到右)的接缝来优化单词布局。每个接缝都是由基于高斯的能量函数确定的低能区域的连接路径。通过接缝雕刻,可以紧凑有效地包装单词云,同时保留其整体语义结构,如图 4.16 所示。图 4.16(a)为具有高斯重要性域的稀疏词云布局,图(b)为由单词的边框分隔的布局,图(c)为选择从左到右的最佳接缝(用蓝色标记)形成区域的连接路径,图(d)为接缝修剪以获得具有相同宽度的接缝(黄色接缝),图(e)为删除图(d)中的黄色接缝后的词云布局,图(f)为经过接缝修剪优化后,得到紧凑且保持语义的单词云。

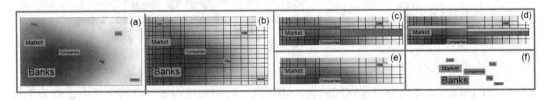

图 4.16 接缝雕刻算法

4.3.4 力导向布局

力导向布局是基于力导向算法(force-directed)的布局方法。力导向算法是一类绘图算法,它仅仅基于图的结构本身来绘图,并不依赖于上下文信息。其基本思路是在二维或三维空间里配置节点,节点之间用线连接,称其为连线。各连线的长度几乎相等,且尽可能不相交。节点和连线都被施加了力的作用,力是根据节点和连线的相对位置计算的。根据力的作用,来计算节点和连线的运动轨迹,并不断降低它们的能量,最终达到一种能量很低的稳定状态。

在词云布局中,如果将单词看作是图中的点,并为点与点之间添加边,就可以使用力导向模型对词云中的单词进行布局。例如,基于刚体动力学系统的方法将每个单词看作是一个有体积的刚体,充分利用了力之间的吸引和排斥作用,将单词之间的距离控制在合适范围的同时,避免了单词之间的重叠,这有利于保持词云紧凑且没有重叠的优良特性。同时,由于单词之间的距离可以用语义上的距离来替代,因此力导向布局在语义词云的分类下有着比较广泛的应用。图 4.17 所示为一种基于几何网格和自适应力导向模型的词云布局管道。该方法假设单词之间存在吸引力,并使用力模拟消除单词之间的空白。这种方法确保了语义的连贯性和空间的稳定性,并使跟踪词云中的内容变化更容易。图 4.17(a)为从具有不同时间戳的文档中提取的初始单词集，图(b)为使用多维缩放将提取的单词放置在二维平面上，图(c)为筛选出指定时间点的无关单词，图(d)为对剩下的单词进行三角剖分，图(e)为通过力定向算法优化的布局。

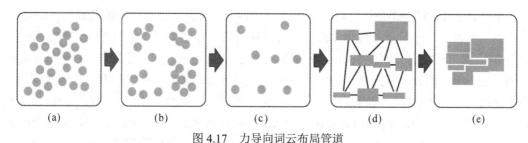

(a)　　　　　(b)　　　　　(c)　　　　　(d)　　　　　(e)

图 4.17　力导向词云布局管道

4.4　词云的扩展

虽然词云的表达是直观的，但词云的表达能力有限，因此非常有必要探索各种途径来增加它的附加值。例如，通过更多的交互性、动态性对词云进行扩展，以展示关键词的时间变化趋势、比较不同的文档等。本节将以案例的形式介绍交互式词云、比较词云、词云地图、小倍数词云、时间线词云、多方面焦点上下文词云等几种词云的扩展方式。

4.4.1　交互式词云

Wordle 等在线生成词云的网站可以选择形状词云的外形轮廓，在生成词云之前设定单词的朝向和颜色等。这些创作工具均提供交互功能为自动一次性生成词云选定参数。除了生成参数设定，用户也可以对已经自动生成的词云中的单词再次修改。ManiWordle 是一个基于 Wordle 的可视化工具，通过支持自定义操作来改进布局的交互，允许人们为整个版面，甚至为单个单词来确定排版、颜色和构图的方式，以得到版面结果，如图 4.18 所示。图 4.18(a)是通过用户交互操作旋转单词，在此过程中可能会出现空白区域，所有未由用户指定位置的单词将重新排列以生成压缩布局，如图 4.18(b)所示。ManiWordle 实现也遵循 Wordle 的基本思想，如碰撞检测和基于螺旋的排列策略。它们的高效实施确保了手动调整可以实时进行。产生这种互动的另一个重要因素是动画。由于用户交互可能会触发许多单词的重新定位，因此需要动画来帮助用户跟踪这些更改，如位置更改和角度更改。

(a)　交互操作效果图　　　　　(b)　压缩布局效果图

图 4.18　ManiWordle

4.4.2 比较词云

比较词云(RadCloud)是一种将多个词云合并为一个词云并进行比较的词云工具。例如，对于不同的媒体，如新闻、博客和微博，可能涵盖同一社会事件的不同方面。通过比较从单个来源生成的词云，人们可以快速地理解它们之间的差异。较常见的方法是为每个数据源独立生成单个词云，并排显示它们，如图 4.19(a)所示。然而，在这些词云之间找到相同和不同的词不会太容易。而将这些词云合并成一个云可以帮助用户快速识别单个词云所拥有的共享词和唯一词，如图 4.19(b)所示。图(b)中所有单词都放在圆圈内，圆圈由四个代表不同数据源的彩色圆弧组成。单词的最初放置在圆的中心。然后根据其在相应数据源中的权重移向不同的圆弧。例如，单词"tag"标签同时出现在绿色和橙色数据源中。因此，需要计算两个词向量并将其相加以确定单词标记的最终位置，该位置位于圆圈的下部。数据源中唯一拥有的单词将远离圆心并靠近相应的圆弧，放置在每个单词下面的堆叠条形图明确表示单词在所有数据源中所占的比重。

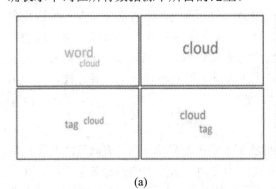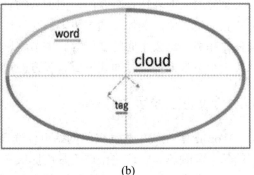

(a)   (b)

图 4.19   RadCloud

Compare Clouds 是另外一种用于比较跨文本语料库媒体框架的可视化分析系统，该系统显式地映射两个语料库之间的单词流行率和上下文信息，如图 4.20 所示。Compare Clouds 采用 D3 中的力导向布局算法，在多个可视通道中编码信息。该系统界面从上至下由三个部分组成，布局的顶部为待比较的语料库及关键词检索系统，布局的中间为两个语料库检索词的词云，布局的底部是和检索的关键词对应的上下文详细信息。图 4.20比较了主流媒体(MSM)和博客之间指定词语"surveillance"的上下文情况。布局中间的词云左边的词对应第一个语料库中使用频率较高的词(本例中是 MSM)，右边的词对应在第二个语料库使用频率更高的词(本例中为博客)，中间则是在两个语料库中以相似的频率使用的词，单词沿纵轴按字母顺序排列。在分配给每个单词的颜色通道中，语料库之间的使用率有双重编码(红色映射到 MSM，蓝色映射到博客)。版面中术语的字体大小反映了该术语在两个语料库中的总体流行程度。将鼠标悬停在版面中的某个术语上，会显示一个小的堆叠条形图，指示该术语在每个语料库中的使用比例。比较结果显示：在 MSM中使用更多的是包含"security"的句子，而在博客中使用更多的是包含"control"和"access"的句子。

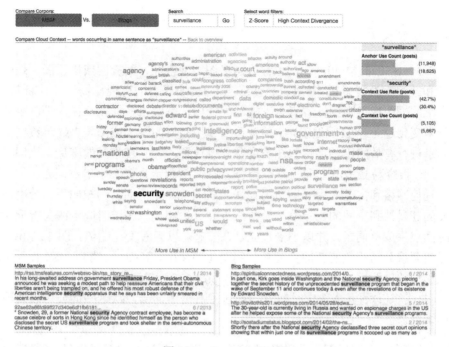

图 4.20　Compare Clouds

4.4.3　词云地图

词云地图(Tag maps)是将词云放置在地图的最上层，以显示绑定到地图上特定位置的文本信息，可以认为词云地图是基于真实地理空间的标记云。图 4.21 展示的是一种企业名录地图标签云，该例将集中在美国南曼哈顿排名前 20 的企业名字标在地图上，形成地图标签云，其中单词的位置对应真实的地理空间。对于在线地图，缩放和平移是以不同粒度浏览地图的两种基本和常见操作。在这种情况下，由于标签被约束并绑定到特定的地理位置，因此这种类型的词云的核心是在缩放和平移操作期间确保词的易读性。在互动操作中，作为探索过程的一部分，互动操作需要根据单词的显著性和屏幕的实时性来选择单词。

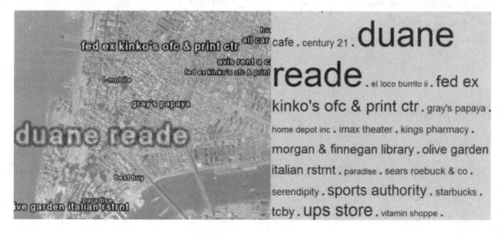

图 4.21　Tag Maps

4.4.4　小倍数词云

小倍数词云(Small Multiples)，也称为网格图、网格图、面板图或格子图，是由耶鲁大学统计学和政治学教授爱德华·塔夫特(Edward Tufte)提出的可视化概念。他将其描述为："邮票大小的插图按类别或标签索引，随时间变化，就像电影的帧一样，可以用来展示关键词的频率变化趋势。"直观地说，小倍数词云使用相似的图形或图表来显示数据集的不同部分。为了进行有效的比较，这些图表通常并排放置，并共享相同的度量、比例、大小和形状。因此，很容易显示单个词的频率趋势。图 4.22 所示为一个小倍数词云案例，该例采用了基于几何网格和自适应力导向布局算法生成词云，使得词云的布局更为紧凑，同时又确保语义的连贯性和空间的稳定性。该方法首先分析和提取关键时间点的关键词，然后，为这些时间点生成单词云，并以小倍数显示在一起，以查看变化趋势。图 4.22(b)的曲线显示了一组与苹果公司相关的新闻主题随时间变化的情况。其中，x 轴编码时间，y 轴编码各个时间点单词的重要性。图 4.22(a)、(c)、(d)、(e)、(f)为针对图 4.22(b)曲线中观察到的高显著性值(曲线峰值)的五个选定时间点，创建了五个单词云，从这些词云可以发现新闻主题变化的情况。

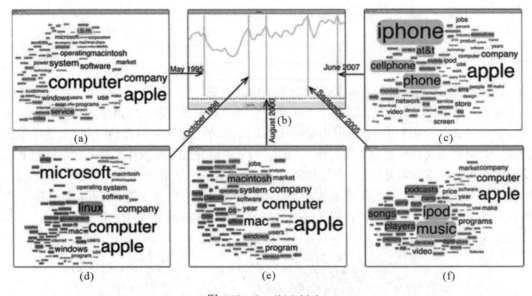

图 4.22　Small Multiples

4.4.5　时间线词云

时间线词云(Timeline)是以时间为基准辅助的词云可视化系统。

Milestones 是一种时间线词云，用于可视化历史事件，如图 4.23 所示。Milestones 分为两个垂直部分，图的上面部分为词云，图的下面部分为交互时间线。用户可以向左或向右拖动每个部分查看不同时间段的历史事件，也可以单击时间线底部的链接，跳转到特定时间。

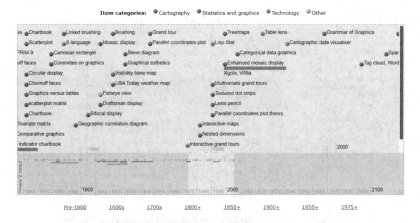

图 4.23　Milestones

　　Morphable 是一种可变形时间线词云，如图 4.24 所示。Morphable 利用刚体动力学方法在各种约束条件下以特定的形状序列排列多时相单词。在动力学中，每个单词都可被视为刚体。借助于几何、美学和时间一致性约束，该方法可以生成一个时间线可变形的词云，该词云不仅以相应的形状布局词语，还可以随着时间的推移平滑地变换词云的形状，从而产生令人愉悦的时变可视化效果。

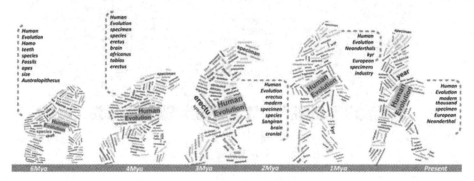

图 4.24　Morphable

4.4.6　多方面焦点上下文词云

　　多方面焦点上下文词云(Mul-focusContext)是一种多方面焦点上下文的词云可视化系统，支持多方面查看单词云，如图 4.25 所示。图 4.25 是 2000-2001 赛季 NBA 球员的各项技术统计的词云图，可以选择得分(Points)、助攻次数(Assists)、篮板球(Rebounds)、抢断(Steal)、盖帽(Blocks)等多方面查看球员的表现。词云中的单词是球员的名字，一个单词将与球员的多个重要方面(如得分、助攻、篮板球等)进行关联。图 4.25(a)为球员的得分词云，图中字体越大说明该球员得分越高；图 4.25(b)为球员的助攻词云，图中字体越大说明该球员助攻次数越高。在该可视化系统中，核心任务包括：在切换不同词云时，要保证单词的几何形状、最大限度地利用空间、增加尽量多的单词而不重叠、允许用户平滑地切换焦点和上下文。为了能实现设计任务，该系统使用空间优化缩放(SOS)算法和力导向布局算法提高单词云来进行布局。首先改变单词云中单词的大小反映用户选择的当前重要性度量，然后进行缩放操作平衡空间利用率和单词可读性。为了消除尺寸变化引起的单词重叠，同时保持由有向无环图建模的位置依赖性，使用力导向布局算法，使其最大限度地利用了显示空间。

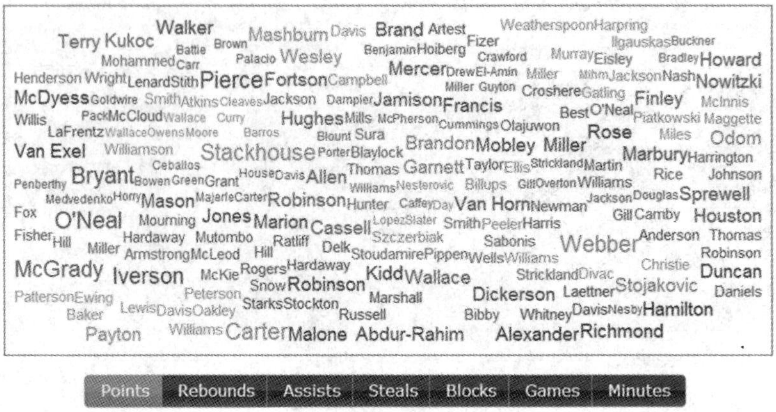

(a) 球员的得分词云

(b) 球员的助攻词云

图 4.25　多方面焦点上下文词云

4.5　词云实现

　　受新冠疫情的影响，越来越多的教学方式从原来的线下面对面改为线上模式，这对传统的线下面对面教学造成了巨大的冲击。作为一种社交媒体和内容生成平台——微博记录了在线上课模式(俗称"网课")下学生、家长和老师们的情绪变化。本节将以 2020 年微博"网课"评论文本数据为例，绘制词云，了解学生的情绪变化及其对网课的评价。首先通过 Python 爬虫工具获取评论文本，然后使用 Python 进行文本预处理、分词和词频统计，最后通过 matplotlib、ECharts 和 D3.js 三种方式绘制词云。

4.5.1　数据获取与处理

1. 数据获取

网络爬虫是指向网站发起请求，获取资源后分析并提取有用数据的程序。其运行过程一般为：模拟浏览器发送请求(获取网页代码)，提取有用的数据，存放于数据库或文件中。本例利用 cookie 实现模拟登录，以网页版微博的高级搜索接口作为入口，实现在微博平台的关键词爬虫，即搜索并储存带有设定关键词的微博。我们以"网课"为关键词进行检索，获取 2020 年期间的评论文本共 16 307 条，并将其保存为 csv 格式，图 4.26 所示为其中的部分评论数据。

图 4.26　2020 年"网课"微博评论数据(部分)

2. 数据处理

1) 分词

分词是统计词频的关键步骤，我们采用 jieba 中文分词工具进行分词。jieba 是一个第三方中文分词库，主要支持四种分词模式：精确模式、全模式、搜索引擎模式、paddle 模式。下例使用了精确模式，可以将语句精确切分，且不存在冗余数据。分词结果保存在 txt 文本文件中，方法如下：

```
import    jieba
filename = "爬虫数据/2020.csv"
#定义分词结果保存文件
outfilename = filename+"_分词.txt"
txt = open(filename, "r", encoding='utf-8', errors='ignore').read()
outputs = open(outfilename, "w", encoding='utf-8')
# 使用 jieba 精确模式对文本进行分词
words = jieba.lcut(txt)
#将分词结果保存在文本文件中
for word in words:
    outputs.write(word+" ")
```

分词结果如图 4.27 所示，分析经过分词的文本数据发现有大量的无用符号和词语，如","、"@"、"#"、"哈哈哈"等，需要在统计词频之前进行数据清洗，即删除停用词。

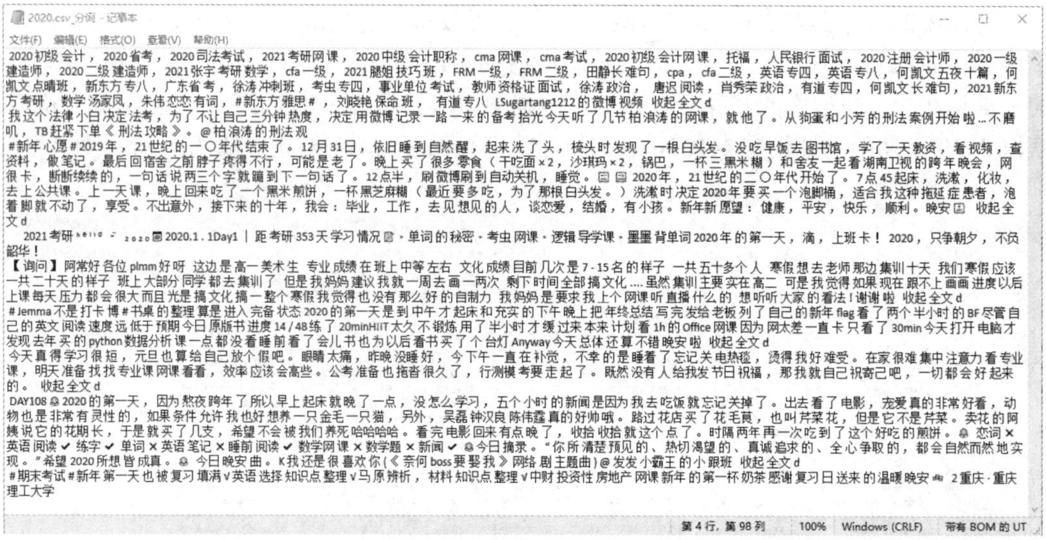
2020.csv_分词 - 记事本
文件(F) 编辑(E) 格式(O) 查看(V) 帮助(H)
2020初级 会计 ， 2020省考 ， 2020司法考试 ， 2021考研网课 ， 2020中级 会计职称 ， cma 网课 ， cma 考试 ， 2020初级 会计网课 ， 托福 ， 人民银行 面试 ， 2020注册 会计师 ， 2020一级 建造师 ， 2020二级 建造师 ， 2021张宇 考研 数学 ， cfa 一级 ， 2021腿姐 技巧班 ， FRM 一级 ， FRM 二级 ， 田静长 难句 ， cpa ， cfa 二级 ， 英语 专四 ， 英语 专八 ， 何凯文 五夜 十篇 ， 何凯文 点睛班 ， 新东方 专八 ， 广东省 考 ， 徐涛 冲刺班 ， 考虫 专四 ， 事业单位 考试 ， 教师资格证 面试 ， 徐涛 政治 ， 唐迟 阅读 ， 肖秀荣 政治 ， 有道 专四 ， 何凯文 长难句 ， 2021新东方 考研 ， 数学 汤家凤 ， 朱伟 恋恋 有词 ， #新东方 雅思# ， 刘晓艳 保命 班 ， 有道 专八 LSugartang1212 的 微博 视频 收起 全文 d
我 这个 法律 小白 决定 法考 ， 为了 不让 自己 三分钟 热度 ， 决定 用 微博 记录 一路 一来 的 备考 拾光 今天 听 了 几节 柏 浪涛 的 网课 ， 就 他 了 。 从 狗蛋 和 小芳 的 刑法 案例 开始 啦 ... 不磨叽 ， TB 赶紧 下单 《 刑法 攻略 》 。 @ 柏 浪涛 的 刑法 观
#新年 心愿 #2019 年 ， 21 世纪 的 一〇 年代 结束 了 。 12 月 31 日 ， 依旧 睡到 自然 醒 ， 起来 洗 了 头 ， 梳头 时 发现 了 一根 白头发 。 没 吃 早饭 去 图书馆 ， 学 了 一天 教资 ， 看 视频 ， 查资料 ， 做 笔记 。 最后 回 宿舍 之前 脖子 疼得 不行 ， 可能 是 老 了 。 晚上 买 了 很多 零食 （ 干吃面 ×2 ， 沙琪玛 ×2 ， 锅巴 ， 一杯 三 黑米 糊 ） 和 舍友 一起 看 湖南卫视 的 跨年 晚会 ， 网 很卡 ， 断断续续 的 ， 一句 话 说 两三个 字 就 蹦 到 下 一句 话 了 。 12 点半 ， 刷 微博 刷 到 自动 关机 ， 睡觉 。 2020 年 ， 21 世纪 的 二〇 年代 开始 了 。 7 点 45 起床 ， 洗漱 ， 化妆 ， 去 上 公共课 。 上 一天 课 ， 晚上 回来 吃 了 一个 黑米 煎饼 ， 一杯 黑芝麻糊 （ 最近 要 多 吃 ， 为了 那根 白头发 。 ） 洗漱 时 决定 2020 年 要 买 一个 泡脚 桶 ， 适合 我 这种 拖延症 患者 ， 泡 着 脚 就 不动 了 ， 享受 。 不出 意外 ， 接下来 的 十年 ， 我会 ： 毕业 ， 工作 ， 去 见 想 见 的 人 ， 谈恋爱 ， 结婚 ， 有 小孩 。 新年 新 愿望 ： 健康 ， 平安 ， 快乐 ， 顺利 。 晚安 收起 全文 d
2021 考研 hello 2020 2020.1 . 1Day1 ｜ 距 考研 353 天 学习 情况 · 单词 的 秘密 · 考虫 网课 · 逻辑 导学课 · 墨墨 背单词 2020 年 的 第一天 ， 滴 ， 上班 卡 ！ 2020 ， 只争朝夕 ， 不负韶华 ！
【 询问 】 阿常 好 各位 plmm 好呀 这边 是 高一 美术生 专业 成绩 在 班上 中等 左右 文化 成绩 目前 几次 是 7 - 15 名 的 样子 一共 五十多个 人 寒假 想 去 老师 那边 集训 十天 我们 寒假 应该 一共 二十天 的 样子 班上 大部分 同学 都 去 集训 了 但是 我 妈妈 建议 我 就 一周 去 画 一两次 剩下 时间 全部 搞 文化 .... 虽然 集训 主要 实在 高二 可是 我 觉得 如果 现在 跟不上 画画 进度 以后 上课 每天 压力 都 会 很大 而且 光是 搞 文化 搞 一整个 寒假 我 觉得 也 没有 那么 好 的 自制力 我 妈妈 是 要求 我 上 个 网课 听 直播 什么 的 想 听听 大家 的 看法 ! 谢谢 啦 收起 全文 d
#Jemma 不是 打卡 博 # 书桌 的 整理 算是 进入 完备 状态 2020 的 第一天 是 到 中午 才 起床 和 充实 的 下午 晚上 把 年终 总结 写 完 发给 老板 列 了 自己 的 新年 flag 看 了 两个 半小时 的 BF 尽管 自己 的 英文 阅读 速度 远 低于 预期 今日 原版书 进度 14 / 48 练 了 20minHIIT 太久 不 锻炼 用 了 半小时 才 缓过来 本来 计划 看 1h 的 Office 网课 因为 网太差 一直 卡 只 看 了 30min 今天 打开 电脑 才 发现 去年 买 的 python 数据分析 课 一点 都 没 看 睡前 看 了 会儿 书 也 为 以后 看书 买 了 个 台灯 Anyway 今天 总体 还 算 不错 晚安 啦 收起 全文 d
今天 真 得 学习 很 短 ， 元旦 也 算 给 自己 放个 假 吧 。 眼睛 太痛 ， 昨晚 没 睡好 ， 今 下午 一直 在 补觉 ， 不幸 的 是 睡着 了 忘记 关 电热毯 ， 烫 得 我 好 难受 。 在家 很 难 集中 注意力 看 专业课 ， 明天 准备 找找 专业课 网课 看看 ， 效率 应该 会 高些 。 公考 准备 也 拖沓 很久 了 ， 行测 模考 要 走 起 了 。 既然 没有 人 给 我 发 节日 祝福 ， 那 我 就 自己 祝 寄己 吧 ， 一切 都 会 好 起来 的 。 收起 全文 d
DAY108 2020 的 第一天 ， 因为 熬夜 跨年 了 所以 早上 起床 就 晚 了 一点 ， 没 怎么 学习 ， 五个 小时 的 新闻 是 因为 我 去 吃饭 就 忘记 关掉 了 。 出去 看 了 电影 ， 宠爱 真的 非常 好看 ， 动物 也 是 非常 有 灵性 的 ， 如果 条件 允许 我 也 好 想 养 一只 金毛 一只 猫 ， 另外 ， 吴磊 钟汉良 陈伟霆 真的 好 帅 哦 。 路过 花店 买 了 花毛茛 ， 也 叫 芹菜 花 ， 但是 它 不是 芹菜 。 卖花 的 阿姨 说 它 的 花期 长 ， 于是 就 买 了 几支 ， 希望 不会 被 我们 养死 哈哈哈哈 。 看 完 电影 回来 有点 晚 了 ， 收拾 收拾 就 这个 点 了 。 时隔 两年 再 一次 吃 到 了 这个 好吃 的 煎饼 。 恋词 × 英语 阅读 ✔ 练字 ✔ 单词 × 英语 笔记 × 睡前 阅读 ✔ 数学 网课 × 数学题 × 新闻 ✔ 今日 摘录 。 “ 你 所 清楚 预见 的 、 热切 渴望 的 、 真诚 追求 的 、 全心 争取 的 ， 都 会 自然而然 地 实现 。 ” 希望 2020 所 想 皆 成真 。 今日 晚安 曲 。 K 我 还是 很 喜欢 你 (《 奈何 boss 要 娶 我 》 网络 剧 主题曲) @ 发发 小霸王 的 小 跟班 收起 全文 d
#期末考试 # 新年 第一天 也 被 复习 填满 √ 英语 选择 知识点 整理 √ 马原 辨析 ， 材料 知识点 整理 √ 中财 投资性 房地产 网课 新年 的 第一杯 奶茶 感谢 复习 日 送来 的 温暖 晚安 2 重庆 · 重庆 理工大学
第 4 行，第 98 列　100%　Windows (CRLF)　带有 BOM 的 UT

图 4.27　微博评论分词结果

2) 去停用词

停用词处理的基本思路是：提前创建一个停用词列表“stopwords”，然后遍历每条经过分词的文本数据。如果句子中有在停用词列表中的词语，那么删去这个词语。Python 实现的步骤如下：

(1) 将分词后的数据按行读入，存在一个 Python 列表中。

(2) 创建一个新的临时空字符串，将列表中的每条文本与停用词列表比较。如果该词不是停用词，那么将此词语添加到创建的临时字符串中，检查完一条文本后，将此临时字符串输出为清洗后的文本数据。

(3) 输出经过清洗的所有文本数据，格式为 txt 文件。

停用词保存在 stop_words.txt 文件中，stopwordslist()函数用于从 stop_words.txt 文件中读取停用词并存储在停用词列表 stopwords 中，以下是去停用词实现代码。

```
import jieba
filename = "爬虫数据/2020.csv"
outfilename = filename+"_分词.txt"
outfilename_stopword = filename+"_清洗.txt"
txt = open(filename, "r", encoding='utf-8', errors='ignore').read()
outputs = open(outfilename, "w", encoding='utf-8')
outputs_stopwords = open(outfilename_stopword, "w", encoding='utf-8')
words = jieba.lcut(txt)
# 创建停用词列表
def stopwordslist():
    stopwords = [line.strip() for line in open(
        'stop_words.txt', encoding='UTF-8').readlines()]
    return stopwords
```

```
stopwords = stopwordslist()
outstr = " "
# 去停用词并保存在 txt 文件中
for word in words[]:
    word = word.encode('utf-8').decode("utf-8", "ignore")
    if word not in stopwords:
        if word != '\t':
            outputs_stopwords.write(word + " ")
            outstr += word
            outstr += " "
```

去停用词的结果如图 4.28 所示。可以看到"，""@""#""哈哈哈"等无用符号和词语都已经被去除。停用词表是可以进行编辑的，如增加或去除停用词。

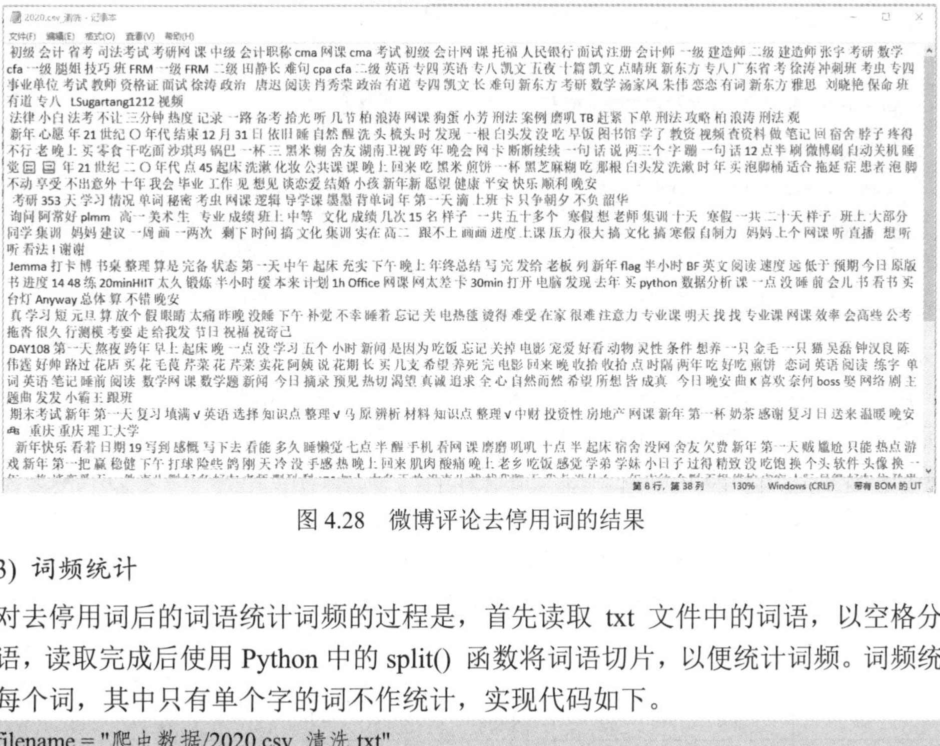

图 4.28　微博评论去停用词的结果

3）词频统计

对去停用词后的词语统计词频的过程是，首先读取 txt 文件中的词语，以空格分隔这些词语，读取完成后使用 Python 中的 split() 函数将词语切片，以便统计词频。词频统计时遍历每个词，其中只有单个字的词不作统计，实现代码如下。

```
filename = "爬虫数据/2020.csv_清洗.txt"
outfilename = filename+"_200 高频词.txt"
outfile_jsonname = filename+"_200 高频词_带数值.txt"
#读取去停用词后的词语文件
txt = open(filename, "r", encoding='utf-8', errors='ignore').read()
#高频词保存文件
outputs = open(outfilename, "w", encoding='utf-8')
outputs_json = open(outfile_jsonname, "w", encoding='utf-8')
#词语切处
```

```
words=txt.split()
# 通过键值对的形式存储词语及其出现的次数
counts = {}
#统计词频
for word in words:
    if len(word) == 1:      # 单个字的词语不计算在内
        continue
    else:
        counts[word] = counts.get(word, 0) + 1
# 根据词语出现的次数进行从大到小排序
items = list(counts.items())
items.sort(key=lambda x: x[1], reverse=True)      #保存词频前 200 的高频词
for i in range(200):
    word, count = items[i]
    print("{0:<10}{1:>10}".format(word, count))
    outputs.write(word+" ")
    outputs_json.write(word+' ')
    outputs_json.write(str(count)+'\n')
outputs.close()
outputs_json.close()
```

以上代码统计词语出现的数量后，保存词频在前 200 的高频词，表 4-1 列出了 2020 年微博评论排名前 60 的核心关键词。从结果可以看出，"网课"出现的次数最高，达到 13 748 次；其次是"学习"(3481)、"打卡"(2935)、"老师"(2811)、"明天"(2757)、"作业"(2232)。从高频词可以看出，2020 年因受新冠疫情的影响，学生在家上网课，学习方式从原来的线下面对面学习转变为线上学习，学生提到较多的是网课、打卡、作业、老师、时间、视频等词语。此外，英语和考研也是评论者较为关注的话题。

表 4-1　2020 年微博评论排名前 60 的核心关键词

排序	词语	词频	排序	词语	词频	排序	词语	词频
1	网课	13 748	21	喜欢	998	41	课程	631
2	学习	3481	22	小时	950	42	疫情	629
3	打卡	2935	23	考试	940	43	发现	619
4	老师	2811	24	数学	939	44	快乐	616
5	明天	2757	25	学生	875	45	教育	616
6	作业	2232	26	努力	870	46	上网	614
7	英语	1922	27	阅读	858	47	在家	604
8	视频	1895	28	生活	838	48	不想	599
9	考研	1787	29	晚安	823	49	政治	584
10	时间	1643	30	孩子	822	50	初级	582
11	笔记	1493	31	挑战	821	51	整理	573

续表

排序	词语	词频	排序	词语	词频	排序	词语	词频
12	单词	1479	32	自习	790	52	好好	569
13	复习	1230	33	手机	785	53	一点	561
14	学校	1222	34	直播	765	54	早上	551
15	感觉	1199	35	上课	762	55	同学	549
16	今日	1177	36	下午	755	56	背单词	540
17	晚上	1169	37	运动	732	57	睡觉	534
18	开学	1106	38	开心	705	58	大学	493
19	希望	1031	39	计划	667	59	二级	481
20	加油	1013	40	结束	633	60	东西	466

4.5.2　基于 Python 的词云实现

在 Python 中生成词云是一种最为常见的方法，该方法通常是借助 Python 词云库和 matplotlib 图像可视化工具绘制词云图。本例使用 Python 的词云库 Wordcloud 来实现该效果。

1. Wordclord 库

Wordcloud 库是 Python 非常优秀的词云展示第三方库。Wordcloud 以词语为基本单位，通过图形可视化的方式，更加直观和艺术地展示文本。

1）Wordclord 安装

Wordcloud 库的官网地址为 https://amueller.github.io/word_cloud/，其中提供了 API 参考文档和应用实例。Wordcloud 库还提供了 github：https://github.com/amueller/word_cloud/tree/master/wordcloud，目前最新的版本是 1.8.1，从该版本中可以下载库文件、说明文档及实例代码。

如果使用 pip 命令，可以通过以下方法安装：

```
pip install wordcloud
```

如果使用 conda，可以从以下 conda-forge 频道安装：

```
conda install -c conda-forge wordcloud
```

Wordcloud 依赖于 NumPy 和 Pillow 库。NumPy(Numerical Python)是 Python 的一种开源的数值计算扩展库，可用来存储和处理大型矩阵，比 Python 自身的嵌套列表结构要高效得多，支持大量的维度数组与矩阵运算，此外也针对数组运算提供大量的数学函数库。Pillow 是 Python 的图像处理库，支持图像的存档、图像显示和图像处理。

2）Wordclord 的使用

Wordclord 的使用包括引入 Wordclord、配置参数、加载词云文本、输出词云文件几个步骤，实现方法如下。

```
#引入 wordclord
from wordcloud import WordCloud
#配置参数
wcloud=WordCloud(font_path=None, width=400, height=200, margin=2,…,)
```

```
#加载词云文本
Wordcloud=wcloud. generate(text)，其中 text 为词云文本。
#输出词云文件
Wordcloud.to_file("pywordcloud.png")
```

Wordclord 在引入库后对词云的宽度、高度、字号、词语数、背景色等参数进行配置，然后使用 generate()方法加载需生成词云的文本 text，最后将词云保存为 png 格式图片文件。

3）Wordclord 基本参数

使用 Wordclord 词云可以生成各种词云，基本参数包括词云的宽度、高度、最小字号、最大字号、最大词语数、词云形状、背景色等，如表 4-2 所示。

表 4-2 Wordclord 基本参数

参　　数	描　　述
width	指定词云对象生成图片的宽度，默认 400 像素
height	指定词云对象生成图片的高度，默认 200 像素
min_font_size	指定词云中字体的最小字号，默认 4 号
max_font_size	指定词云中字体的最大字号，根据高度自动调节
font_step	指定词云中字体字号的步进间隔，默认为 1
font_path	指定文件的路径，默认 None
max_words	指定词云显示的最大单词数量，默认 200
stop_words	指定词云的排除词列表，即不显示的单词列表
mask	指定词云形状，默认为长方形，需要引用 imread()函数
background_color	指定词云图片的背景颜色，默认为黑色

2. 基于 Wordclord 的词云实现

以微博"网课"评论提取的高频关键词作为词云文本，通过 Wordclord 实现词云效果。此例中分别绘制了方形、圆形和图像遮罩三种形状的词云，以下为实现代码。

```
from wordcloud import WordCloud
import matplotlib.pyplot as plt
path_txt='data/2020 高频词.txt'
fwords = open(path_txt,'r',encoding='utf-8').read()
#转换为 wordcloud 输入的字符串
cut_text = " ".join(fwords.split())
print(cut_text)
wcloud = WordCloud(
#设置字体，不然会出现口字乱码，文字的路径是操作系统的字体一般路径
font_path="C:/Windows/Fonts/simfang.ttf",
    #设置了背景，宽高
    background_color="white",
    width=1000,
    height=880)
wordcloud=wcloud.generate(cut_text)
```

```
plt.imshow(wordcloud, interpolation="bilinear")
plt.axis("off")
plt.show()
```

上述代码首先引入 Wordclord 库和绘制图像的可视化模块 matplotlib，然后读取在"数据获取和处理"小节获得关于"网课"的在线评论高频词，并转换为字符串作为 wordcloud 的输入词语。接下来配置词云的大小为 1000×880 像素，形状为矩形，背景色为白色，并设置字体所在路径，词云的词语数量为默认的 200 个。最后使用 matplotlib 生成词云图，效果如图 4.29 所示。

图 4.29　Wordcloud 生成词云图

除了矩形词云之外，Wordcloud 允许以图像为遮罩，生成各种自定义形状的词云效果。本例中我们以图 4.30(a)中的"alice_mask.png"图像作为遮罩，设计词云图。该图的背景为透明色，格式为 png。Wordcloud 将以该图像的非透明部分作为遮罩，生成词云，代码如下：

```
from wordcloud import WordCloud
import numpy as np
from os import path
from PIL import Image
import matplotlib.pyplot as plt
import os
#打开词云文本
path_txt='data/2020 高频词.txt'
fwords = open(path_txt,'r',encoding='utf-8').read()
#转换为 wordcloud 输入的字符串
cut_text = " ".join(fwords.split())
print(cut_text)
#定义遮罩图像
d = path.dirname(__file__) if "__file__" in locals() else os.getcwd()
mask = np.array(Image.open(path.join(d, "alice_mask.png")))
#配置词云参数
wcloud = WordCloud(
 #设置字体
  font_path="C:/Windows/Fonts/simfang.ttf",
```

```
    max_words=2000,
      #设置了背景，宽高
      background_color="white",
      mask=mask
)
wordcloud=wcloud.generate(cut_text)
plt.imshow(wordcloud, interpolation="bilinear")
plt.axis("off")
plt.show()
```

上例除了引入 wordclord 库和 matplotlib 模块之外，还使用 numpy、PIL、os 等工具。PIL 是 Python 的图像处理库，用于读取遮罩图像 alice-mask.png。Numpy 将图像数据转换为数组，作为词云的 mask。Os.getcwd()方法用于返回当前工作目录。该词云的词语数量为2000 个(max_words=2000)，最终效果如图 4.30(b)所示。

(a) 原图像　　　　　　　　　(b) 最终效果

图 4.30　alice-mask 图像遮罩和词云

若要绘制圆形词云，可以制作一幅背景透明的圆形图像作为遮罩，再使用上例的方法实现。也可以通过 Python 算法生成圆形，然后以该圆形图像作为遮罩，设计词云，实现现代码如下。

```
from wordcloud import WordCloud
import numpy as np
import matplotlib.pyplot as plt
path_txt='data/2020 高频词.txt'
fwords = open(path_txt,'r',encoding='utf-8').read()


#转换为 wordcloud 输入的字符串
cut_text = " ".join(fwords.split())
print(cut_text)
#绘制圆形遮罩算法
x, y = np.ogrid[:300, :300]
```

```
mask = (x - 150) ** 2 + (y - 150) ** 2 > 130 ** 2
mask = 255 * mask.astype(int)
wcloud = WordCloud(
    #设置字体
    font_path="C:/Windows/Fonts/simfang.ttf",
    max_words=2000,
    #设置了背景，宽高
    background_color="white",
    mask=mask)
wordcloud=wcloud.generate(cut_text)
plt.imshow(wordcloud, interpolation="bilinear")
plt.axis("off")
plt.show()
```

上例中的圆形遮罩是通过 Python 算法生成的。首先通过 np.ogrid 方法产生两个一维数组 x 和 y，维数分别为 300×1 和 1×300，接下来生成圆形 mask，mask 为一个 300×300 的数组，其值分别为 1(True) 和 0(False)，对应图像中的每个点的像素值，如图 4.31(a) 所示。生成的词云如图 4.31(b) 所示。

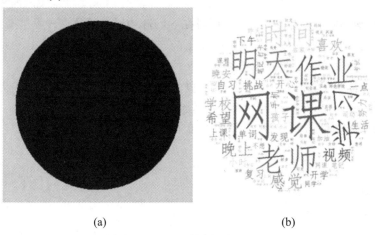

(a)　　　　　　　　　　　　　　　(b)

图 4.31　圆形遮罩和圆形词云

4.5.3　基于 ECharts 的词云实现

在 ECharts 中设计词云时，可以通过 ECharts-wordcloud 扩展组件来实现。该组件可以将文字根据不同的权重布局为大小、颜色各异的词云图，并支持使用图片作为遮罩。

1. ECharts-wordcloud 组件安装

我们可以在 ECharts 的官网上直接下载 echarts-wordcloud.min.js 并用 <script> 标签引入，下载的地址为：

https://github.com/ecomfe/echarts-wordcloud/tree/master/dist

在引用 echarts-wordcloud.min.js 时需要先引入 echartsmin.js，下载地址为：

```
https://github.com/apache/echarts/blob/5.2.0/dist/echarts.min.js
```

也可以通过 CDN 方法，引用在线 echarts.min.js,地址为：

```
https://cdn.jsdelivr.net/npm/echarts@5/dist/echarts.min.js
```

完成下载后，创建 index.html 文件,并在 html 文件的 head 标签中引入 ECharts-wordcloud，方法如下：

```html
<html>
    <head>
        <meta charset="utf-8">
        <script src="echarts.min.js"></script>
        <script src='echarts-wordcloud.js'></script>
        <!-- CDN 方法 -->
            <scriptsrc='https://cdn.jsdelivr.net/npm/echarts@5/dist/echarts.min.js'>
        </script>
    </head>
</html>
```

2. ECharts-wordcloud 组件

1) 标题

在 ECharts-wordcloud 组件中，标题可以在 option 中进行配置，一般包括标题、对齐方式、标题组件是否显示等参数，具体说明如下：

(1) text：标题文本，支持用\n 换行。

(2) left：与容器左侧的距离，其取值可以为具体像素值；也可以是相对容器的百分比(%)；还可以是 left、center、right，依次表示居左、居中和居右。

(3) show：是否显示标题组件，取值为布尔值，默认为 true。

具体代码如下：

```
title:{
    text:'关键词词云',
    left:'center',
    show:true,
}
```

2) 数据系列

数据系列(series)是一个数组结构，使用中括号，其中包括大括号，用于定义数据的每个部分。大括号类似于一个字典结构，包含键(key)和值(value)对。Series 主要作为数据的容器词云的数据系列主要包括图表类型(type)、网格尺寸(gridSize)、字号范围(sizeRange)、旋转角度范围(rotationRange)、词云形状(shape)、是否允许绘制大于画布大小的词汇(drawOutOfBound)、布局动画(layoutAnination)、文本样式(textStyle)、突出显示(emphasis)、关键词数据(data)等，代码如下：

```
series: [ {
                type: 'wordCloud',
```

```
                    gridSize: 2,
                    sizeRange: [12, 60],
                    rotationRange: [-90, 90],
                    shape: 'rectangle',
                    drawOutOfBound: false,
                    textStyle: {
                        fontFamily: '黑体',
                        color: function () {
                            return 'rgb(' + [
                                Math.round(Math.random() * 255),
                                Math.round(Math.random() * 255),
                                Math.round(Math.random() * 255)
                            ].join(',') + ')';
                        }
                    },
                emphasis: {
                    focus: 'self',
                    textStyle: {
                        textShadowBlur: 10,
                        textShadowColor: '#333'
                    }
                },
                    data: [
                        {
                            name: 'Sam S Club',
                            value: 10000,
                            textStyle: {
                                color: 'black'
                            },
                            emphasis: {
                                textStyle: {
                                    color: 'red'
                                }
                            }
                        },
                    ]
                } ]
```

各参数含义如下：

(1) type：ECharts 图表的类型，词云的值为 WordCloud。

(2) gridSize：网格尺寸，用于标记画布可用性(单位为像素)。网格尺寸越大，单词之间的差距越大。

(3) sizeRange：文字字号范围(单位为像素)。上例中表示文字的字号从 12～60 像素，其中关键词的频率越高，对应的字号也就越大。

(4) rotationRange：文字的旋转角度范围。上例中定取值为−90°～90°。

(5) shape：词云形状，用于定义词云的形状。可以选择的主要词云形状有长方形(rectangle)、三角形(triangle)、圆形(circle)、五边形(pentagon)、星形(star)、钻石形(diamond)等。

(6) drawOutOfBound：用于说明是否允许绘制大于画布形状大小的词汇，取值为布尔值，默认为 true。

(7) layoutAnination：布局动画，默认值为 False。该参数在词云加载时以动画形式绘制文本，而不是同时加载。

(8) textStyle：用于设置字体的样式，包括字体(fontFamily)和颜色(color)。字体可以设置为英文或中文字体，以名字为值。文字颜色用于指定词云中关键词的颜色，可以是单一颜色，也可以是多种颜色，默认为单一颜色。为了有更好的视觉效果，通常为词云指定多种颜色。颜色的取值可是颜色名(如 red、blue 等)、16 进制编码(如#EEFFEE)、rgb 值(如255,255,255)。上例通过定义颜色函数为关键词分配 rgb 值。首先由 JavaScript 中的数学函数 Math.random 获得 0～1 之间的随机数，然后再乘以 255 并作四舍五入处理，最后将三个数值连接(join)作为 rgb 属性的值。

(9) emphasis：用于触出鼠标事件后突出显示文本，包括焦点(focus)、文本样式等属性和值。焦点的取值可以为文本自身(self)，并可为焦点文本增加模糊和阴影效果。

(10) data：数据，数据是一个数组结构，包含名字(name)、值(value)、文本样式(textStyle)、突出显示(emphasis)等属性。名字是指词云中展示的关键词，值为该关键词的出现频次。数据还可以为指定的关键词添加特定的样式和突出显示效果。

3. 实现代码

以微博"网课"在线评论文本为例，通过 ECharts-wordcloud 进行词云可视化，以下为完整代码。需要说明的是，其中数据(data)中的关键词由于数量太大，此处只提供一部分。该词云图的画布尺寸为 800×600 px，在浏览器中水平居中显示，位置随浏览器窗口大小变化。

```html
<html>
<head>
    <meta charset="utf-8">
    <title>echarts-wordcloud</title>
    <script src="echarts.min.js"></script>
    <script src='echarts-wordcloud.js'></script>
</head>
<body>
    <style>
        html, body {
            margin: 0;
```

```
        }
    #main {
            margin: auto;
            margin-top: 50px;
    }
</style>
<!-- 为 ECharts 准备一个具备大小(宽高)的 Dom -->
<div id='main' style="width:800px; height:600px;"></div>
<script>
    //数据表的初始化，获得画布的 Dom
    var chart = echarts.init(document.getElementById('main'));
    //指定图表的配置和数据项
    var option = {
        //定义标题
        title: {
                text: '关键词词云',
                textStyle:{
                        fontSize:30,
                        color:'darkblue',
                },
                left: 'center',
                show: true,
        },
        //定义数据系列
        series: [{
            type: 'wordCloud',
            gridSize: 8,
            sizeRange: [12, 60],
            rotationRange: [-90, 90],
            shape: 'circle',
            drawOutOfBound: true,
            layoutAnimation: true,
            width:800,
            height:600,
            textStyle: {
                    fontFamily: 'sans-serif',
                    color: function () {
                        return 'rgb(' + [
                            Math.round(Math.random() * 160),
```

```
                Math.round(Math.random() * 160),
                Math.round(Math.random() * 160)
            ].join(',') + ')';
        }
    },
    emphasis: {
        focus: 'self',
        textStyle: {
            textShadowBlur: 10,
            textShadowColor: '#333'
        }
    },
    //定义数据
    data: [
        {
            name: '学习',
            value: 3481,
            emphasis: {
                textStyle: {
                    color: 'red'
                }
            }
        },
        {
            "name": "打卡",
            "value": 2935
        },
        {
            "name": "老师",
            "value": 2811
        },
        {
            "name": "明天",
            "value": 2757
        },
        {
            "name": "作业",
            "value": 2232
        },
```

```
                {
                        "name": "英语",
                        "value": 1922
                },
            ]
        }]
    };
    //使用刚指定的配置项和数据显示图表。
    chart.setOption(option);
    //适应窗口尺寸变化
    window.onresize = chart.resize;
</script>
</body>
</html>
```

以上代码展示的词云效果，如图 4.32 所示，词云展示的是微博网课在线评论的前 200 个高频词，其中关键词"网课"是研究主题的本身，在此例中被剔除。该词云还具有动画和鼠标交互功能，词云加载时以动画方式绘制，在鼠标经过关键词时，关键词会出现阴影效果突出显示该词汇。

图 4.32　ECharts-wordcloud 词云效果

4.5.4　基于 D3.js 的词云实现

在 D3.js 中可以通过 D3.layout.cloud 布局组件来设计词云。D3.layout.cloud 是一个使用

JavaScript 编写，与 Wordle 类似的词云布局方法。该布局组件可以设置不同的尺寸、间距、角度、字体、字号及颜色生成各种词云图，并支持词云的交互与动画展示功能。

1. D3.layout.cloud 安装

我们可以在 D3.js 的官网上直接下载 D3.layout.cloud.js，下载后可通过<script>标签引入：

```
<scriptsrc='d3.layout.cloud.js '></script>
```

在引用 D3.layout.cloud.js 时需要先引用 D3.min.js，可以下载压缩包 D3-7.1.1.tgz(例为 7.1.1 版)，解压后在 dist 文件夹中可以得到 D3.min.js 和 D3.js 文件，将这两个文件拷贝到项目文件后即可引入使用，方法如下：

```
<scriptsrc='d3.min.js'></script>
```

也可以通过 CDN 方法，引用在线 D3.min.js：

```
<script src="https://d3js.org/d3.v7.min.js"></script>
```

2. D3.layout.cloud 配置

D3.layout.cloud 创建词云的过程主要包括词云布局实例创建、布局实例启动、词云渲染三个环节，每个环节需要配置词云参数。

1) 词云布局实例创建

词云布局实例是通过 D3.layout.cloud()方法创建，需要配置词云尺寸、词汇数据集、间距、字体、字号、注册等参数。

(1) 词云尺寸(size)。词云尺寸通过 size 参数进行配置，格式为 size([width, height])，单位为像素(px)。

(2) 词汇数据集(words)。words 是一个数组，用于定义需要在词云中展示的关键词及权重，基本格式为 words(["w1"，"w2"，…，"wn"])，权重可以通过 map()方法进行映射。

(3) 间距(padding)。padding 定义了词语之间的间距，单位为像素。数值越大，间距越大。

(4) 字体与字号。字体与字号分别通过 font 和 fontSize 来设定。

(5) 注册(on())。布局的注册使用 on(type，listener)来实现，其中 type 为事件。注册指定的侦听器以从布局接收指定类型的事件。目前，支持"word"和"end"事件。每次成功放置一个单词时，都会调度"word"事件。当布局完成尝试放置所有单词时，将调度"end"事件。

2) 布局实例启动

布局实例启动(start())方法将启动词云布局算法。布局算法首先初始化词语对象的各种属性，并尝试从最大的单词开始依次放置每个词语。词语的放置是从矩形区域的中心开始，测试每个词语与所有先前放置的词语的碰撞。如果发现碰撞，它会尝试将词语沿螺旋线方向放置在新位置。

3) 词云渲染

布局实例启动后需使用 D3.selection 方法选择 HTML 页面中的 DOM 元素作为词云容器，并设置相关属性，最后在浏览器中渲染输出词云图，属性包括宽度和高度、字体、颜色、交互与动画效果等。

3. 实例代码

以下为 D3.layout.cloud()词云可视化的完整代码。需要说明的是，其中文本数据(words)中的关键词由于数量太多，此处只提供一部分。该词云图的画布尺寸为 1200×800 像素。

```
<!DOCTYPE html>
<html>
<head>
    <title>d3-wordcloud</title>
    <meta charset="utf-8">
    <script src="js/d3.min.js"></script>
    <script src="js/d3.layout.cloud.js"></script>
 </head>
 <body>
<!-- 为 d3 准备一个具备大小(宽高)的 Dom -->
    <div id="vis" width="1200px" height="800px"></div>
    <script>
        //定义颜色
        var fill = d3.scaleOrdinal(d3.schemeAccent);
        var layout = d3.layout.cloud()
            .size([1200, 800])   // 宽高
            .words([
                "Hello", "world", "normally", "you", "want", "more", "words",
                "than", "this", "there", "happy", "join", "today", "go", "history",
                "funds", "refuse"].map(function (d) {
                    return { text: d, size: 5 + Math.random() * 70 };
                })) // 数据
            .padding(5)  // 内间距
            .rotate(function () { return ~~(Math.random() * 2) * 60; })
            .font("Impact")
            .fontSize(function (d) { return d.size; })
            .on("end", draw);
    // 词云实例启动
        layout.start();
        // 渲染
        function draw(words) {
            d3.select("#vis").append("svg")
                .attr("width", layout.size()[0])
                .attr("height", layout.size()[1])
                .append("g")
                .attr("transform", "translate(" + layout.size()[0] / 2 + "," + layout.size()[1] / 2 + ")")
```

```
                    .selectAll("text")
                    .data(words)
                    .enter().append("text")
                    .style("font-size", function (d) { return d.size + "px"; })
                    .style("font-family", "Impact")
                    .style("fill", function (d, i) { return fill(i); })
                    .attr("text-anchor", "middle")
                    .attr("transform", function (d) {
                        return "translate(" + [d.x, d.y] + ")rotate(" + d.rotate + ")";
                    })
                    .text(function (d) { return d.text; });
            }
        </script>
    </body>
</html>
```

以上代码首先引入 D3.layout.cloud.js 和 D3.min.js，然后为 D3.layout.cloud 准备一个尺寸为 1200×800 像素的 DOM。接下来使用 D3 的比例尺 scaleOrdina 定义词云文本的填充颜色。D3.schemeAccent 是 D3-scale-chromatic 模块提供的颜色模板，共包含八种颜色。然后通过 D3.layout.cloud.js 创建词云布局实例，启动实例算法，最后渲染与绘制词云图，效果如图 4.33 所示。需要指出的是，D3.layout.cloud 只是提供了绘制词云的基础方法，效果并不理想，但灵活性较大，可以在渲染环节通过改变属性的配置来提升可视化效果。

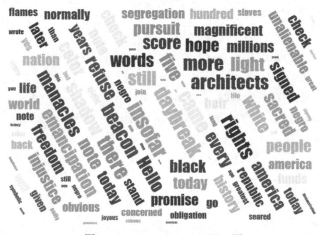

图 4.33   D3.layout.cloud 词云图

上例中词语的大小是由 Math.random()函数随机生成的，然后通过 map()方法映射到每个词语。但在实际文本可视化项目中，词语的频率一般是确定的，需要对上述代码进行修改。下面将以 2020 年微博"网课"评论为例，实现固定词频的词云绘制。

```
<head>
    <meta charset="UTF-8">
    <title></title>
```

```html
    <script src="d3.min.js"></script>
    <script src="d3.layout.cloud.js"></script>
</head>
<body>
    <div id="d3_cloud"></div>
    <script>
```
//定义词语及频率数组；
```
    var words_list = [{text:"网课", size:'13748'}, {text:"学习", size:'3481'},{text:"打卡", size:'2935'},
{text:"老师", size:'2811'}, {text:"明天", size:'2757'},{text:"作业", size:'2232'},{text:"英语", size:'1922'}, {text:"
考研", size:'1895'},xt:"视频", size:'1787'},
                {text:"时间", size:'54'},{text:"笔记", size:'1643'},{text:"单词", size:'1493'}];
```
//定义颜色比例尺，输出 20 种类别的颜色
```
    var fill = d3.scale.category20();
    var layout = d3.layout.cloud()
            .size([800, 600])    //size([x,y])
            .words(words_list)
            .padding(5)
            //配置随机旋转的角度
            .rotate(function() { return ~~(Math.random() * 2) * 0; })
            .font("Impact")
            .fontSize(function(d) { return d.size; })
            .on("end", draw);
    layout.start();
    function draw(words) {
        d3.select("#d3_cloud").append("svg")
            .attr("width", layout.size()[0])
            .attr("height", layout.size()[1])
            .append("g") //append()
            .attr("transform", "translate(" + layout.size()[0] / 2 + "," + layout.size()[1] / 2 + ")")
//transform:translate(x,y)
            .selectAll("text")
            .data(words)
            .enter().append("text")
            .style("font-size", function(d) { return d.size + "px"; })
            .style("font-family", "Impact")
            .style("fill", function(d, i) { return fill(i); })
            .attr("text-anchor", "middle")
            .attr("transform", function(d) {
                return "translate(" + [d.x-2, d.y] + ")rotate(" + d.rotate + ")";
```

```
                })
                .text(function(d) { return d.text; });
        }
    </script>
    </body>
    </html>
```

上面的代码定义了数组 words_list，并指定词语(text)及频率(size)，运行结果如图 4.34 所示。该例使用了 D3 的另一种颜色比例尺 D3.scale.category20()，可以输出 20 种的颜色。其余部分和 D3-wordcloud-1.html 相似，包括词云布局实例创建、布局算法启动、词云渲染输出三个环节。

图 4.34   固定词频词云

习 题 与 实 践

1. 在文本分析中词云的作用是什么？举例说明词云的视觉编码。

2. 词云有哪些常用的布局算法，各有什么特点？

3. 常规的静态词云有何局限性，如何对词云进行扩展，有哪些方法？

4. 自行准备文本数据集，然后对数据执行分词、去停用词、去除噪声待预处理，输出高频词，并使用 Python、ECharts、D3.js 等方法绘制词云。

第 5 章　主题内容可视化

虽然词云技术可以总结文档,帮助研究人员快速了解文档的主要内容,但词云在表示文本语义和内在结构方面存在不足。而主题建模技术能从包含各种类型文档的大型语料库中提取主题,归纳文档所表达的概念、意见、事实、展望和陈述,让研究人员能够更深入理解的文本内容。

主题建模技术可以追溯到 20 世纪 90 年代初,常见的方法包括潜在语义分析(Latent Semantic Analysis,LSA)、概率潜在语义分析(Probabilistic Latent Semantic Analysis,PLSA)、潜在狄利克雷分配(Latent Dirichlet Allocation,LDA)、非负矩阵分解(Nonnegative Matrix Factorization,NMF)等。经过多年的发展,主题建模已经成为一种常用工具,使我们能够总结文本语料库,探索文本的内容,从中发现隐藏的概念或模式。但是,主题建模技术的结果通常较为抽象,不利于理解。为了解决这一问题,人们将主题建模与可视化技术相结合,对提取的主题信息进行可视化展示,方便人们更直观、高效地理解主题内容。本章将介绍主题建模技术及可视化案例、主题可视化的类型及实现方法。

5.1　主题建模内容可视化案例

主题是一组语义相关文档的简短描述。一个主题通常由一组经常出现在一个文档中,但在其他文档中出现频率较低的词来表示。例如,“狗”和“骨头”可能更多地出现在有关“狗”的主题文档中,而“猫”和“鱼”可能更多地出现在有关“猫”的主题文档中。基于主题建模的内容可视化一般先从语料库中提取主题或者模式,然后对提取的信息使用不同的可视化技术进行可视分析。例如,1998 年,Miller 等人将小波变换技术应用于文档中的单词构造自定义数字信号,开发了 Topic Island(主题岛)主题可视化系统,该系统可以对文档的主题特征进行不同细粒度的分析。2002 年,Havre 等人开发了 ThemeRiver(主题河流)可视化系统,该系统能对大型文档中随时间变化的主题进行探索。由 Wise 等人设计的可视化文档分析系统 IN-SPIRE 使用标准聚类和维度算法(如 k-means 和主成分分析来计算主题)显示主题群集的摘要,主题建模技术的发展大大加快了这一方向的研究。2004 年,Landauer(兰道尔)等人探索使用 LSA 技术对文档进行降维,实现了整个文档的语义相似性的可视化。TIARA 是最早使用 LDA 技术进行主题探索的交互式可视化系统,用于将复杂甚至不完美的文本摘要结果转换为易被理解的文本视觉摘要。UTOPIAN 和 TopicLens(主题透镜)则使用非负矩阵分解(NMF)技术对主题进行探索。本节将介绍通过 LSA、LDA、NMF等技术提取主题的内容可视化案例。

5.1.1　LSA 主题可视化

　　潜在语义分析(Latent Semantic Analysis，LSA)是一种无监督学习方法，也称为潜在语义索引(Latent Semantic Index，LSI)。LSA 通过奇异值分解(SVD)的线性代数技术发现文本与单词之间的基于话题的语义关系。文档集(document atlas)是一种采用 LSA 技术提取主题的可视化系统，用于展示与检索文档集合的主题，如图 5.1 所示。该系统对欧洲 IT(信息技术)研究项目(第六框架 IST)的描述文档集合进行主题可视化，从图中可以找到这些项目所涵盖的主要领域，如语义网、电子学习、安全性等。图中的右下角部分主题是关于多模式集成(multimodal integration)的项目，沿着逆时针方向，主题依次变为语义网(semantic web)、电子学习(e-learning)、机器人学(robotics)、光学(optics)、安全(safety)、网络(safety)、网格计算(grid computing)，最后回到右下角与 Web 相关的项目。通过检索关键字，研究人员可以从地图上轻松阅读这些主题。

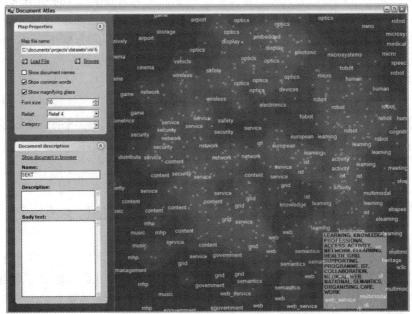

图 5.1　Document atlas(文档集)

　　"Document atlas"可视化系统的实现方法如下：

　　(1) 将文本文档表示为向量。使用词袋(BOW)表示法和词频-逆文档频率(Term Frequency‐Inverse Document Frequency，TF-IDF)表示文档。在 BOW 表示法中，每个单词都有一个维度，文档被编码为以词频为元素的特征向量。该例使用 TF-IDF 权重对词向量进行加权。

　　(2) 将文档投影到语义空间。在文档语料库和文本向量中构建词项文档矩阵，使用奇异值分解得到具有有序奇异值的对角矩阵，其中具有更高奇异值的向量携带更多信息。将除最大 k 个奇异值外的所有奇异值设置为 0 得到矩阵的最佳逼近，矩阵的秩为 k。这些最大奇异值的向量可以看作主题，这些向量所跨越的空间称为语义空间。

　　(3) 多维缩放(Multidimensional Scaling)到二维空间。多维缩放是一种可视化的数据表达方式，通过将原始多维向量映射到二维实现降维。多维缩放通常利用梯度下降法或能量函数，对语义空间中以欧几里得距离作为相似性度量的文档进行降维。

(4) 可视化地图编码。在二维空间中，采用点密度的方法为每个主题计算位置及范围大小(半径为 R 的圆)，并按 TF-IFD 平均值为每个主题位置分配一组关键词。在地图背景中，密度显示为纹理(颜色越浅，密度越高)。关键词的位置是随机选择的，最主要的关键词显示在地图周围的区域。

5.1.2　LDA 主题可视化

LDA 是一类无监督学习算法概率主题模型，可以将文档集中每篇文档的主题按照概率分布的形式给出。TIARA 可视化系统是将 LDA 模型应用于文本语料库以生成主题，然后使用概率阈值将一个或多个主题分配给其中的每个文档，以支持交互式查询主题和文本探索，如图 5.2 所示。

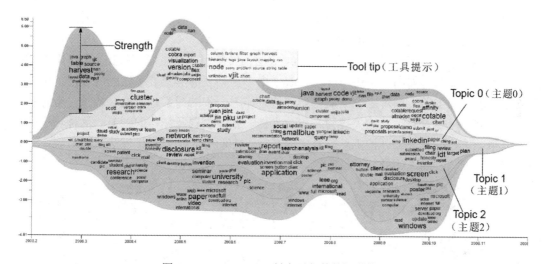

图 5.2　TIARA 10000 封电子邮件的视觉摘要

图 5.2 是研究人员对 10 000 封电子邮件的摘要主题进行可视化的结果，图中每个层表示一个主题，每个主题都有不同的颜色，以便彼此区分。研究人员采用 LDA 方法从电子邮件中共提取 18 个主题，图 5.2 展示了前 8 个。对于给定的一个用户查询(如"可视化分析")，TIARA 可视化系统能够提供包含这些关键字的所有文档的摘要。摘要包含一个主题，每个主题由一组关键字进一步表示。为了描述每个主题的内容随时间演变的情况，TIARA 可视化系统还派生了时间敏感的关键字，允许用户在不同的粒度级别查看和检查其文本分析结果。可视化系统的 x 轴编码为时间，y 轴编码每个主题的强度，即用特定时间下该主题的电子邮件数量来表示。从每个主题及其关键词分布情况，用户可以观察到主题随时间的演变情况。例如，最热门的主题(绿色)在 3 月份讨论的是"Harvest、table、data…"，在 8 月份讨论的是"Java、code、vjit…"。"Harvest"主题在 2008 年 3 月非常活跃，但在 4月至 7 月不那么活跃。

TIARA 可视化系统采用堆叠图的形式，包括以下四个关键步骤：

(1) 计算层的几何结构。该系统采用摆动最小化方法来创建平滑的主题层，对应的是时间序列。堆叠图形的几何体由一组层组成，且层与层之间不能有空间，因此整个堆叠图的厚度反映了单个时间序列的总和。在此约束条件下，堆叠图形的整体几何结构由基线的形状和层的顺序两个因素决定。

(2) 层着色。该系统使用互补的彩虹颜色区分相邻层，语义相似的主题采用同一系列的不同颜色层表示。主题的语义相似性通过计算属于两个主题的相同文档数量衡量。例如，图 5.2 中的主题 1(Topic 1)和主题 2(Topic 2)都涉及知识产权可用不同的蓝色表示。

(3) 层排序。主题层的堆叠顺序直接影响堆叠图形的易读性和美观性。一般来说，层排序需满足三个标准：① 最小化层失真；② 最大化每个层内的可用空间以容纳丰富的文本；③ 确保各层的视觉接近度与其语义相似性成比例。在算法上可以采用贪婪算法来实现层排序，并综合考虑层的波动性、语义相似性及开始时间。

(4) 层标记。对于具有少量层的堆叠图不一定需要图层标签，因为图例和颜色编码方案是合适的。但是，对于具有数百或数千个时间序列的图来说，这个简单的解决方案不是最有效的。因此，堆叠图形设计的一个关键是图层标签的放置。标签的设计原则是与它所表示的数据关联，不与其他标签或图层重叠，也不分散图形其余部分的注意力。通过调整标签的字体大小、颜色、透明度以满足这些要求。

Wikipedia Topics(维基主题)是基于 LDA 方法开发的另一个主题可视化系统，用于维基语料库的主题探索，如图 5.3 所示。该系统采用单词列表的形式展示主题内容，单击左上角主题列表中的主题可以对主题的文档详细信息作进一步的探索。例如，选择"电影和电视"的主题，可以查看主题的关键词、相关文档、相关主题及文档的细节。这种可视化方法可以帮助用户理解大部分的主题以及主题在文本中的分布，但是该方法不够直观，并且没有展示主题与主题之间的相关性。

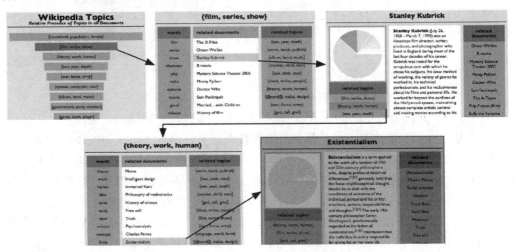

图 5.3   Wikipedia Topics(维基主题)

Termite 可视化系统采用表格布局的方法，帮助用户组织和评估与 LDA 模型生成的主题质量，如图 5.4 所示。LDA 技术能提取合理的主题，但同时也存在"垃圾主题"，主题的质量通常需要由该领域专家来解读，以确保它们与所分析领域中有意义的概念相对应。 Termite 可视化系统主要用于帮助评估单个主题和整个主题的质量。研究发现，主题的质量通常取决于其组成词的连贯性及其对分析任务的相对重要性。"Termite"采用主题矩阵的形式来展示主题，研究人员定义了一个显著性度量和序列化算法来排列主题。图 5.4 的左侧为主题矩阵，中间为术语列表，右侧为主题代表性文档。当用户在主题矩阵图的左侧中选择某个主题时，与主题相关的术语根据频率在中间一列被突出显示，最具主题代表性的文档列在图的右侧。

图 5.4 Termite 可视化系统

TopicNets 主题可视化系统是基于 LDA 主题模型设计的一种大型文本语料库可视化分析系统，如图 5.5 所示。该系统由语料库和文档主题视图、迭代主题建模、搜索和视觉过滤几个部分组成。图 5.5 所示为美国国家科学基金会(NFS)资助加利福尼亚大学各分校区计算机科学学科相关研究的文档主题网状图，其中节点标记为"T-..."的是主题，背景为黄色的是加利福尼亚大学各学校的名称，学校及其相关的主题之间通过线条连接，不同校区之间有共享的主题，文档节点显示为填充相应颜色的小圆圈。通过鼠标的单击、拖动等交互操作可以选择某个校区，对与该校区相关的主题作进一步的搜索，系统会过滤其他校区及无关主题。选择 NFS 资助项目，也即文档节点，可以可视化检索与资助项目文档每章节相关的主题。

TopicNets 主题可视化系统的实现方法为：首先使用 LDA 模型生成主题，以概率阈值确定主题与文档之间是否有连线，并对节点与连线作可视化编码生成文档主题图。然后，主题被表示为通过多维缩放技术投影到 2D 曲面上的节点。主题节点确定后，通过力导向布局算法生成文档主题视图，并固定每个文档节点的位置。

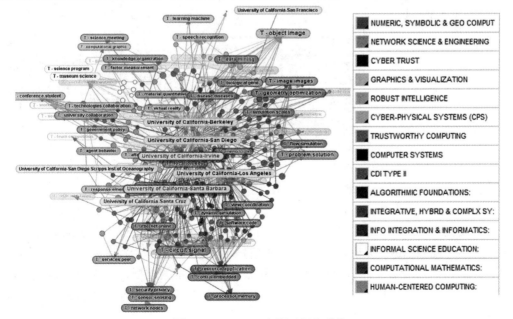

图 5.5 TopicNets 主题可视化系统

5.1.3　NMF 主题可视化

非负矩阵分解(Nonnegative Matrix Factorization，NMF)是一种常见的提取潜在语义的方法。NMF 将矩阵分解为两个非负矩阵，其分解速度较 SVD 快，并且两个矩阵都是非负矩阵。LDA 在多次运行的一致性和经验收敛性方面存在缺陷，而 NMF 是一个确定性模型，可以从多次运行中生成一致的结果。

UTOPIAN 可视化系统是基于非负矩阵分解方法设计的一种与主题模型高度集成的可视化系统，使用基于投影的可视化来帮助用户探索主题空间，如图 5.6 所示。图 5.6 所示为 1995 年～2010 年的 InfoVis 论文和 2006 年～2010 年的 VAST 论文进行主题可视化结果的效果图。该系统使用彩色点表示不同主题中的文档，利用 t-分布随机邻域嵌入(t-SNE)降维技术生成的散点图可视化反映不同主题中的文档之间的成对相似性。UTOPIAN 允许用户通过交互更改算法设置来逐步编辑和细化主题结果，其交互功能包括：① 主题合并，② 文档诱导主题创建，③ 主题拆分，④ 关键字诱导主题创建。此外，用户还可以优化主题关键字权重，文档查看器突出显示每个主题中具有代表性的关键词。

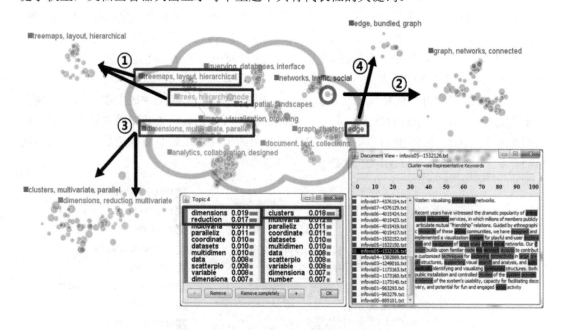

图 5.6　UTOPIAN 可视化系统

TopicLens 主题可视化系统是基于 NMF 技术的另一个主题可视化系统，允许用户通过镜头界面动态探索主题数据，如图 5.7 所示。该系统首先使用 NMF 技术执行主题建模，并将文档可视化为散点图，其中文档坐标由 t-分布随机邻域嵌入 2D 嵌入方法来确定。不同主题簇采用不同颜色进行编码，具有代表性的关键字显示在每个主题簇的中心。当移动主题透镜(显示为一个小矩形)时，该系统会动态地重新计算主题模型，在镜头内捕获的文档上实时嵌入主题，显示其更细粒度的主题结构及其视觉概述，具有代表性的关键字在镜头外显示，并指向每个主题簇的中心。

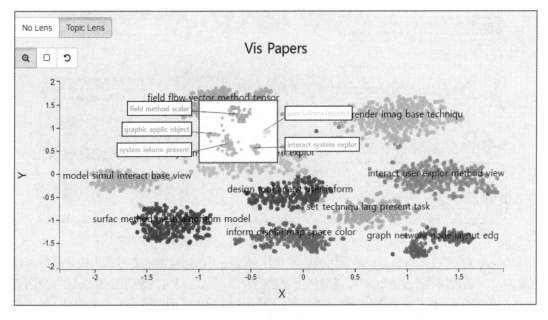

图 5.7　Topicles 主题可视化系统

5.2　主题可视化的类型

一般情况下、主题可视化可以分为静态主题可视化和动态主题可视化两种类型。静态主题可视化是指不考虑时间序列的内容可视化，将所有语料合成一个整体，探索主题、主题之间及其与文档的关系。动态主题可视化是指将时间因素纳入到可视化系统中，探索主题随时间演变的情况。

5.2.1　静态主题可视化

静态主题可视化利用主题词语列表或主题词的词云来可视化主题。例如，前面介绍的 Wikipedia Topics 使用单词列表来探索维基语料库的主题，Document atlas Fortuna 采用词云地图的形式展示主题。静态主题可视化有助于用户了解文档集合中的主要主题以及文档中的主题分布。然而，它可能无法提供主题之间的相关性以及来自多个语料库的许多相关主题的全貌。解决的办法通常是对主题进行分层组织，或者从多方面展示主题。

HierarchicalTopics 可视化系统是一个采用玫瑰树算法设计的主题可视化分析系统，对提取的主题进行分层组织，可以表示大量主题，且不会造成混乱，如图 5.8 所示。图的左侧为层次结构主题树，树枝分别显示 Natural Disaster、Middle East、American Politics 等主题。图的右侧为以分层方式呈现的主题视图，每一个主题内部又以时间模式呈现。

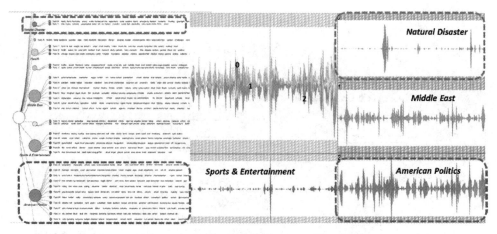

图 5.8　HierarchicalTopics 可视化系统

　　FaceAtlas 可视化系统是一种采用投影和优化密度图可视化技术的多方面可视化系统，以帮助研究人员理解整个文档语料库或跨多个文档的复杂概念之间的关系。投影的方法主要用来呈现文档级关系，优化密度图用于多方面显示主题图形，解决了因降维而丢失的信息。编者提出了一个称为"多方面实体关系"的数据模型，将数据抽象为实体、方面、关系、聚类等几个方面，基于该数据模型设计了可视化系统，用于探索和分析多方面的互联数据，如图 5.9 所示。图 5.9 是对 Google 健康数据的可视化结果，用户可以输入关键词进行查询，如输入"HIV"后，系统从与"HIV"疾病相关的多方面进行可视化展示。FaceAtlas 可视化系统由四个主要组件组成：① 交互式方面图例，如疾病(disease)、原因(cause)、并发症(complication)等；② 多方面查询框；③ 用于呈现多方面关系图的聚类视图；④ 用于控制显示的信息量的动态查询过滤器。

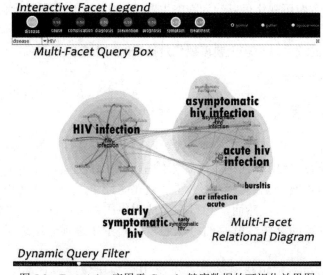

图 5.9　FacetAtlas 应用于 Google 健康数据的可视化效果图

　　TopicPanorama 可视化系统是一种主题全景图，以全面了解新闻、博客或微博等多个来源中讨论的相关主题的可视化系统，如图 5.10 所示。该系统首先将每个文本语料库建模为主题图，然后使用图匹配(Graph Matching，GM)将这些图匹配在一起。图匹配算法旨在利用图结构的相似度信息，寻找图结构之间节点与节点之间的匹配关系。TopicPanorama

可视化系统采用径向堆叠图与密度图可视化相结合的方式，便于从多个角度检查匹配的主题图。通过这种组合，使用户能够检查每个语料库中的总体概念和细节。例如，它允许用户以"放大"和"缩小"的方式查找特定或广泛的主题。此外，为了弥补图匹配算法的不足，满足不同用户的需求，TopicPanorama 可视化系统还允许用户交互修改图以匹配结果。

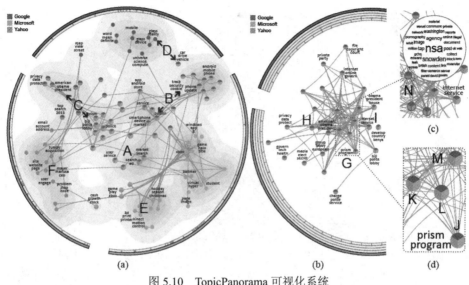

图 5.10　TopicPanorama 可视化系统

5.2.2　动态主题可视化

　　动态主题可视化也称为时间序列主题可视化。时间序列是指在连续时间点获取的定量值序列。许多文本语料库中都有与单个文档相关联的时间信息，如新闻文章、论坛帖子、电子邮件和研究论文等。对于这些文本语料库，主题的时间模式是许多分析任务的关键。因此，需专门针对这一目标提出相关的挖掘和可视化技术。一种方法是首先忽略文档的时间信息，并使用主题建模技术生成主题。生成主题后，再根据其时间信息拆分与每个主题相关的文档。另一种方法是动态主题可视化，其常采用河流隐喻、堆叠图等方法进行可视化，以帮助用户了解主题在时间维度上的分布情况。例如，ThemeRiver、TextFlow、RoseRiver 等可视化系统都采用了河流隐喻的方法，TIARA 可视化系统则采用堆叠图可视化的方法。

1. ThemeRiver 可视化系统

　　ThemeRiver 可视化系统是一种描述大量文档中随时间变化的主题可视化系统。该系统使用河流隐喻方式直观地描述了文本语料库中主题随时间的变化，如图 5.11 所示。ThemeRiver 可视化系统由三个部分组成：表示主题水流的河流、河流下方的时间线以及顶部相关历史事件的标记。在该系统中，文档集合的时间演变、选定的主题内容和主题强度分别由河流的流向、颜色和变化宽度表示。河流从左向右的定向流动被视为随时间的移动，不同颜色表示不同的主题或主题组。

　　图 5.11 所示为 ThemeRiver 可视化系统对古巴领导人菲德尔·卡斯特罗(Fidel Castro)从 1959 年 11 月到 1961 年 6 月期间的演讲、采访和文章数据集中的主题可视化。河流的流向表示时间为 1959 年 11 月到 1961 年 6 月，河流上两点之间的水平距离定义了一个时间间隔。

例如，由两条垂直虚线之间的距离表示的时间间隔为两个月。与直方图一样，Themerier 可视化系统使用宽度的变化来表示主题强度或其程度的变化。在任何时间点上，河流的总垂直距离或宽度表示选定主题的集体强度。如 1961 年 3 月(图右侧附近)，河流宽阔，表示集体主题强度相当强；1961 年 6 月(图的最右侧)，河流狭窄，表示集体主题的强度要弱得多。

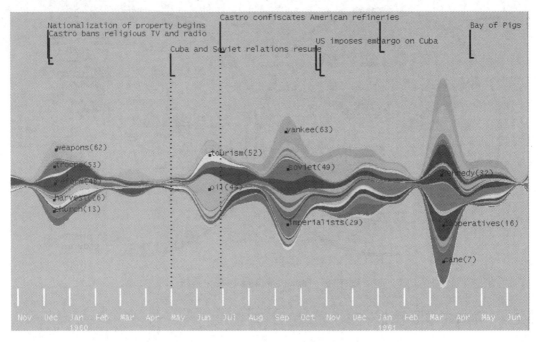

图 5.11　ThemeRiver 可视化系统

ThemeRiver 可视化系统的实施包括以下几个步骤：

(1) 将数据集按时间间隔组合成适当大小子集合，如按月进行拆分。

(2) 抽取主题词并计算每个子集合中每个主题的强度。强度可以用多种方法计算，如包含主题词的文档数量可以表示该时间段中该题的强度，或者主题词在文档中出现的次数也可以表示强度。

(3) 为每个数据集手动创建历史事件的简单 ASCII 文件，事件按时间顺序列出，每个事件占用一行。

(4) 河流计算。首先计算并绘制河流中的平滑曲线，由于主题的时间不一定是连续的，因此要获得平滑的曲线需要考虑插值处理以及可伸缩时的分辨率问题。曲线完成后，在曲线之间填充颜色，并形成彩色条带，还可标注主题关键词。

2. TextFlow 可视化系统

TextFlow 可视化系统是另一个基于河流隐喻的可视化系统，以传达不断演变的主题之间的关系。图 5.12 所示为 IEEE 信息可视化会议 InfoVis 从 2001 年～2010 年期间论文主题的可视化。TextFlow 可视化系统由主题河流、关键字和线程三个部分组成，并允许主题在演化过程中拆分或合并。主题词之间的关系也可以通过一个编织线的隐喻来可视化。关键词被可视化为线程，它们交织在一起以传递它们的共生关系，用户可以有选择地将文字显示为覆盖在条纹顶部的线。如果在同一主题的特定时间跨度内，两个或多个单词同时出现，其相应的线程也会交织在一起，在可视化中生成编织模式来传达此类信息。

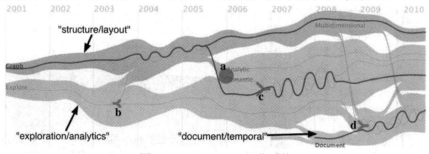

图 5.12　TextFlow 可视化系统

3. RoseRiver 可视化系统

RoseRiver 可视化系统也是一种主题探索可视化系统，允许用户逐步探索和分析分层主题的复杂时间演变模式，如图 5.13 所示。与 TextFlow 可视化系统类似，RoseRiver 可视化系统遵循相同的河流隐喻来描述不断演变的主题之间的分裂与合并模式，并更关注数据集的可伸缩性问题。图 5.13 所示为美国棱镜门事件新闻文章与推特内容的可视化(2013 年 6 月 5 日至 8 月 16 日)。图 5.13(a)的不同颜色代表不同主题，主题显示为竖条，条纹表示主题之间不断变化的关系；图 5.13(b)比较主题新闻文章和推特号码中的突出关键词，弧长为编码新闻文章和推特号码(对数比例)；图 5.13(c)是通过拆分灰色主题生成的新布局。

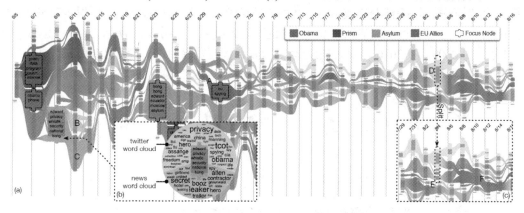

图 5.13　RoseRiver 可视化系统

RoseRiver 可视化系统利用进化树聚类技术从输入文档中提取主题树序列，并使用树切割的方法，提取一组能够基于用户兴趣表示主题树的节点。对于不感兴趣的主题，用户可以选择粗粒度并隐藏细节以避免分心。

4. MultiStream 可视化系统

河流隐喻可视化被广泛用于表示时间序列中的时间演化模式，但河流隐喻可视化在处理多个时间序列时会遇到可伸缩性问题。为了解决这个问题，MultiStream 可视化系统采用了一种探索分层时间序列的多分辨率流图，将多个时间序列以多分辨率流图的方法组织成一个层次结构，各个时间序列根据其接近程度按层次进行分组，如图 5.14 所示。图 5.14(a)描述了高抽象级别的时间序列；图 5.14(b)为多分辨率视图，描述了不同抽象级别的时间序列；图 5.14(c)为链接概览和多分辨率视图的控制器；图 5.14(d)为层次结构管理器，用于导航时间序列。此外，基于焦点上下文技术，MultiStream 可视化系统允许在不同粒度间进行信息的探索。

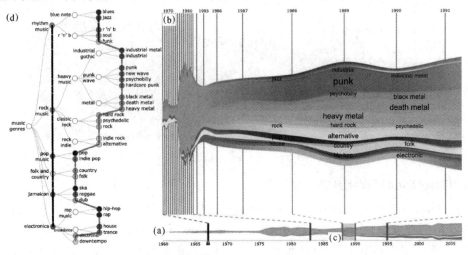

图 5.14　MultiStream 可视化系统

5. ComModeler 可视化系统

　　ComModeler 可视化系统是一种在动态网络中利用社区发现进行主题建模的可视化系统，如图 5.15 所示。该系统首先提取关键词，并构建关键词网络，然后根据各种特征(如关键词频率、频率时间序列的突然变化或顶点个数中心性)对关键词网络进行细化，以揭示动态社会网络中的社区。这些社区对应输入文本文档中的不同隐藏主题。图 5.15 所示为 ComModeler 可视化系统对 2000 年～2016 年期间 IEEE 信息可视化领域发表的论文主题可视化的结果。

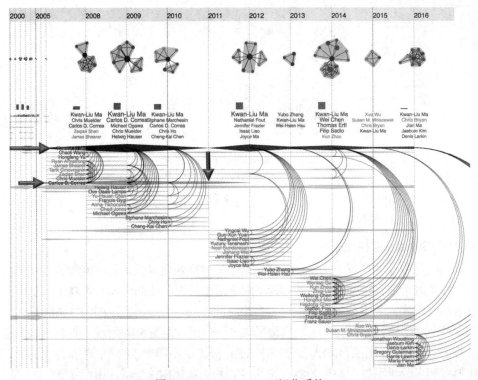

图 5.15　ComModeler 可视化系统

5.3　主题可视化实践

本节将讨论主题可视化的实现，以 2019 年～2021 年微博"网课"在线评论文本作为数据集，探索学习者评论的热点主题及演变过程。评论数据的发布时间范围为 2019 年 7 月 1 日至 2021 年 6 月 30 日，共计 45 000 条数据。主题可视化的实现包括数据预处理、主题提取、主题可视化图表绘制等环节。我们使用的主题建模技术为 LDA 模型，并使用 Python 的 gensim 库来提取主题。主题可视化图表采用 PyLDAVis、ECharts 的主题河流(themeRiver) 等工具来实现。

5.3.1　gensim 主题工具

gensim 是一款开源的第三方 Python 工具包，用于从原始的非结构化的文本中，无监督地学习到文本隐藏的主题向量表达。gensim 支持 TF-IDF、LSA、LDA 和 word2vec 等多种文本向量表示算法，支持管道流式训练，并提供了一些常用任务(如相似度计算、信息检索等)的 API 接口。

gensim 支持 LDA、LSA 等多种主题模型算法，图 5.16 所示为 gensim 使用 LDA 算法生成主题的基本流程。对于文档数据集，首先使用分词工具进行分词和去停用词等预处理，得到词语序列；其次，为每个词语分配 ID，即语料 Dictionary；再次，分配好 ID 后，整理出各个词语的词频，使用"词语 ID：词频"的形式形成文档词袋向量(doc2bow)，最后使用 LDA 模型进行训练。

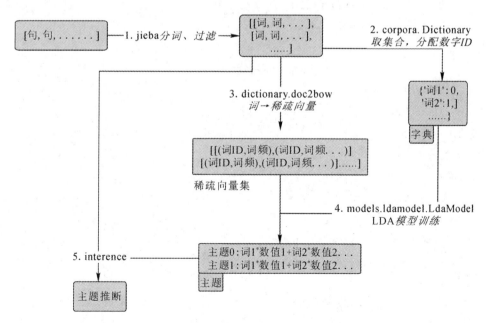

图 5.16　gensim-LDA 主题提取流程

5.3.2　数据预处理

将抓取的微博"网课"在线评论文本保存为 csv 格式，一条评论占取一行。首先将重复评论和字数少于 3 个字的评论删除，然后进行分词和数据清洗。分词仍然采用 jieba 工具的精确模式。由于评论文本中存在大量的特殊符号或无意义字符，如"@""#""✉""☻"等，分词后需使用正则法去除这些字符。清洗后再去除停用词，并且将单个字的词语剔除，只保留字数在两个及以上的词语。具体方法如下：

```python
import jieba
import re
# 读取停用词列表
def get_stopword_list(file):
    with open(file, 'r', encoding='utf-8') as f:
        stopword_list = [word.strip('\n') for word in f.readlines()]
    return stopword_list
# 分词,然后清除停用词
def clean_stopword(str, stopword_list):
    temp_list=[]
    result_list = []
    word_list = [[word for word in jieba.cut(document, cut_all=False)] for document in raw_corpus]
    for docu in word_list:
        for w in docu:
            if w not in stopword_list:
                if w != '\t':
                    if len(w)>1:
                        temp_list.append(w)
        result_list.append(temp_list)
        temp_list = []
    return result_list
# 开始主程序
if __name__ == '__main__':
    # 读取数据集
    filename = "2019.csv"
    with open(filename, 'r', encoding="utf-8")as f:
        data = f.readlines()
    raw_corpus = []
# 清洗特殊符号和英文，只保留中文
for line in data:
```

```
        pattern = re.compile(r'[^\u4e00-\u9fa5]')
            chinese = re.sub(pattern, '', line)
            raw_corpus.append(chinese)
    # 获得停用词列表
    stopword_file = 'stop_words.txt'
    stopword_list = get_stopword_list(stopword_file)
    tokenized_corpus=clean_stopword(raw_corpus, stopword_list)
    print(tokenized_corpus)
```

以上代码首先引入 jieba 分词库和正则法库 re，然后定义了去停用词的两个函数 get_stopword_list()和 clean_stopword()。其中，get_stopword_list()的作用是读取保存在 'stop_words.txt'文件中的停用词，并返回停用词列表 stopword_list；clean_stopword()的作用是分词、去除停用词、剔除单个字的词语，并返回处理完的词语列表。主程序首先按行读取评论文本，并清洗特殊符号和英文，只保留中文，然后进行分词和去停用词处理，完成后将结果保存在 tokenized_corpus 列表中，结果如下。

```
tokenized_corpus:[['托福','网课','训练营','托福','口语'], ['今日','天朗气清','上午','清水','面条','鸡蛋',
'萝卜干','收拾','衣服','晒被子','中午','动手','辣椒','炒肉','米汤','再也','勾芡','挂糊','口感','不错','下午','
扫地','拖地','衣服','添碳','喝奶','网课','晚饭','肉汤','默哀','明日','再战'],…[ ],]
```

处理后的文本保存在多维列表中，每一条评论为一个列表元素，每个列表元素包含若干个词语。该词语列表可作为后续构建词典和文档词向量的输入。

5.3.3　主题提取

1. 构建词典和文档词向量

采用 Python 的 gensim 库生成主题需要构建词典(dictionary)和文档词向量。构建词典使用 gensim 库中 corpora.Dictionary()方法，文档词向量使用 doc2bow()方法，实现代码如下。

```
from gensim import corpora
dictionary = corpora.Dictionary(tokenized_corpus)
print(dictionary)
print(dictionary.token2id)
corpus = [dictionary.doc2bow(text) for text in tokenized_corpus]
print(corpus)
```

输出结果如下：

```
Dictionary(49304 unique tokens: ['口语','托福','网课','训练营','上午']…)
token2id:{'口语': 0,'托福': 1,'网课': 2,'训练营': 3,'上午': 4,'下午': 5,'不错': 6,'中午': 7,'今日': 8,'再也':
9,'再战': 10,'动手': 11,'勾芡': 12,'口感': 13,'喝奶': 14,…,}
    doc2bow:  [[(0, 1), (1, 2), (2, 1), (3, 1)], [(2, 1), (4, 1), (5, 1), (6, 1), (7, 1), (8, 1), (9, 1),(10, 1), (11, 1), (12,
1), (13, 1), (14, 1), (15, 1), (16, 1),..],[ ]]
```

上面代码从 gensim 库中引入 corpora 子库，从分词和数据清洗后的词语集合

tokenized_corpus 中生成词典，即为每个词语分配 id 号。结果表明：从数据集共得到 49 304 个独立词语。文档词向量 doc2bow()方法输出的是一个多维列表，列表的每个元素代表该条评论中的关键词 id 及词频，每条评论中包含若干个词语。这是一个用词袋表示的稀疏词向量。例如，(0, 1)表示第 1 条评论的第 0(id)号词语，1 表示词频数，即第 0 号词语在第 1 条评论中出现了 1 次。

2. 模型训练

gensim 通过子库 models 的 LdaModel()方法训练模型，主要参数有文档词向量(corpus)、词语词典(id2word)、迭代次数(iterations)、主题数量(num_topics)等。模型训练可以将训练结果保存到磁盘，也可以加载预训练完成的模型，实现代码如下。

```
from gensim import models
from gensim.test.utils import datapath
#模型训练
num_topics=5
lda=models.LdaModel(corpus,id2word=dictionary,iterations=1000,num_topics=total_topics)
print("LDA 主题: ")
for index, topic in lda.print_topics(total_topics,num_words=10):
        print("Topic #" + str(index + 1))
        print(topic)
#保存模型到磁盘
temp_file = datapath("model")
lda.save(temp_file)
#从磁盘加载预训练的模型
lda = LdaModel.load(temp_file)
```

以上程序通过 1000 次迭代后，从文本中提取隐含主题(主题数量为 5)，每个主题输出前 10 个词语，结果如下：

```
Topic #1
    0.033*"网课" + 0.013*"老师" + 0.010*"学习" + 0.008*"打卡" + 0.007*"晚上" + 0.007*"明天" + 0.006*"
时间" + 0.005*"感觉" + 0.005*"小时" + 0.005*"单词"

Topic #2
    0.016*"参与" + 0.015*"大赛" + 0.014*"网红" + 0.014*"投票" + 0.013*"本条" + 0.013*"最强" + 0.012*"
老师" + 0.012*"京东" + 0.011*"助力" + 0.009*"送元"

Topic #3
    0.029*"网课" + 0.029*"机构" + 0.025*"考研" + 0.019*"抽位" + 0.018*"听说" + 0.017*"英语" + 0.016*"
小可爱" + 0.014*"点赞" + 0.013*"后天" + 0.013*"考试"

Topic #4
    0.051*"培训" + 0.027*"蛋糕" + 0.025*"烘焙" + 0.017*"课程" + 0.016*"厦门" + 0.009*"气球" + 0.008*"
网红" + 0.007*"花艺" + 0.007*"西点" + 0.007*"甜品"
```

Topic #5

0.010*"教育" + 0.009*"学生" + 0.007*"课程" + 0.006*"专业" + 0.005*"中国" + 0.005*"老师" + 0.005*"平台" + 0.004*"教学" + 0.004*"视频" + 0.004*"文化"

抽取的 5 个主题中，#1 号主题与网课学习的打卡有关，#2 主题与参加网红大赛及投票相关，#3 号主题与考研培训机构及考试相关，#4 号主题与蛋糕、烘焙、花艺等生活培训相关，#5 号主题与当前中国教育现状相关。

3. 模型评估

LDA 主题模型通常可以通过计算主题的 perplexity(困惑度)或一致性(coherence)来评估，以确定最佳的主题个数。Blei 在其论文《Latent Dirichlet Allocation》中使用 Perplexity 值作为主题模型的评判标准。Perplexity 是一种信息理论的测量方法，b 的 perplexity 值定义为基于 b 的熵的能量(b 可以是一个概率分布，也可以是概率模型)。但是，Blei 只列出了 perplexity 的计算公式，并没有过多的解释。后人一般通过迭代计算不同主题数时的 perplexity 值，观察其拐点，作为最佳主题数。LDA 主题模型的 perplexity 值可以使用 gensim 库的 log_perplexity()方法来计算，确定最佳主题数。

主题一致性(coherence)是指通过测量主题中得分高的单词之间的语义相似程度来衡量主题的得分，计算公式为

$$\text{coherence}(Z_i) = \sum_{(\omega i, \omega j) \in Z_i} \text{score}(\omega_i, \omega_j, \varepsilon) \tag{5.1}$$

其中，Z_i 是一组词描述的主题，$1 \leqslant i \leqslant t$；$\varepsilon$ 是平滑因子；coherence 是一致性；score 是 Z_i 中单词对 ω_i，ω_j 同时出现的概率值，基于语料计算两个单词共现的得分，计算公式为

$$\text{score}(\omega_i, \omega_j, \varepsilon) = \log \frac{R(\omega_i, \omega_j) + \varepsilon}{R(\omega_j)} \tag{5.2}$$

其中，$R(x, y)$表示包含单词 x 和 y 的评论数，$R(x)$表示包含 x 的评论数。平滑因子 ε 用于评估一致性值达到稳定值。LDA 主题模型的 coherence 值可以通过 gensim 中的 Coherence Model 来计算，方法如下。

```python
import matplotlib.pyplot as plt
#计算一致性
coherence=[]
for i in range(1,50,1):
    total_topics=i
    lda=models.LdaModel(corpus,id2word=dictionary,iterations=1000,num_topics=total_topics)
    coherence_model=CoherenceModel(model=lda,corpus=corpus,coherence='u_mass')
    coherence.append(coherence_model.get_coherence())
    print("主题数="+ str(total_topics)," coherence ="+str(per_wrod_perplexity))
#绘图展示主题一致性，确定最佳主题数
xpoints = list(range(1, 50,1))
ypoints = coherence
```

```
plt.plot(xpoints, ypoints)
plt.title("coherence")
plt.xlabel("number of topics")
plt.ylabel("coherence ")
plt.show()
```

以上代码使用 CoherenceModel ()方法计算 LDA 主题模型的 coherence 值，主题数的范围设定为 50 个，迭代计算 coherence 值，并通过 matplotlib 绘制图形，如图 5.17 所示。图示主题的 coherence 值一开始快速下降，当主题数达到 11 个时，coherence 值达到基本保持稳定。当主题数为 35 个时，coherence 值达到最低。由图 5.17 可以确定本语料提取最佳主题数为 11 个。如果要获得更高的细粒度主题，则可将主题数定为 36 个。

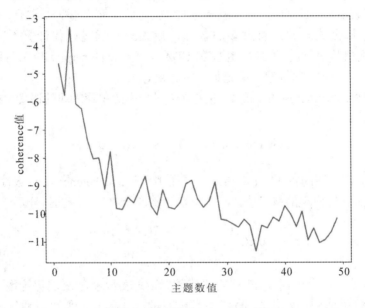

图 5.17　主题数和 coherence 值

5.3.4　基于 PyLDAvis 的主题可视化

1. PyLDAvis

PyLDAvis 是基于 Python 的一种 LDA 主题可视化方法，于 2014 年提出。PyLDAvis 以特征词和主题的关联程度选择表示主题的特征词，PyLDAvis 可视化图可以帮助人们从整体的视角观察各个主题之间的关系。简单来说，PyLDAvis 探究了主题与主题、主题与词语之间的关联。主题与主题之间采用多维标度的方式，将两者投影在低维空间，从而进行比较分析。主题与词语之间的关联综合了词频和词语的独特性两种属性。其中 λ 就是调节两种属性哪个占比更大的重要参数。λ 的取值在 0～1 之间，λ 的最优取值需要根据具体问题进行具体分析。

1) PyLDAvis 的安装

PyLDAvis 可从其官网下载，该官网还提供了相关实例与帮助。

PyLDAvis 同时会安装依赖，如 wheel、numpy、scipy 等。PyLDAvis 支持三种包内 lda 模型的直接传入：sklearn、gensim、graphlab，本例中使用 gensim 得到的 lda 模型。

2) PyLDAvis 的使用

Gensim 中 pyLDAVis 的使用包括库引入、LDA 主题可视化准备、结果展示、结果保存四个部分。

(1) 库引入。

```
import pyLDAvis.gensim
```

(2) LDA 主题模型准备。

```
d=pyLDAvis.gensim.prepare(lda, corpus, dictionary)
```

(3) 展示在浏览器。

```
pyLDAvis.show(d)
```

(4) 保存为网页。

```
pyLDAvis.save_html(d,'lda_2019.html')
```

LDA 主题可视化准备 prepare()方法主要有三个参数，其中 lda 是计算好的主题模型、corpus 为文档词向量、dictionary 是词语词典。可视化的结果可以在浏览器中直接展示，也可以保存为 html 页面。

2. 实现代码

在程序 genism_lda.py 的基础上，引入 pyLDAvis 实现主题可视化。我们将主题数量确定为 9 个，以下为实现代码。

```
import pyLDAvis
import pyLDAvis.gensim
tokenized_corpus=clean_stopword(raw_corpus, stopword_list)
dictionary = corpora.Dictionary(tokenized_corpus)
corpus = [dictionary.doc2bow(text) for text in tokenized_corpus]
lda=models.LdaModel(corpus,id2word=dictionary,iterations=500,num_topics=total_topics)
vis = pyLDAvis.gensim.prepare(lda, corpus, dictionary)
pyLDAvis.show(vis)
pyLDAvis.save_html(vis,"lda_topic.html")
```

上例可视化的结果如图 5.18 所示。PyLDAvis 用多维尺度分析，提取出主成分做维度，将主题分布到这两个维度上，主题相互之间的位置远近，就表达了主题之间的接近性。PyLDAvis 以气泡大小表示主题出现的频率，气泡越大表示主题出现越频繁。气泡之间的距离，表示主题之间的差异，气泡距离采用的是 JSD(Jensen-Shannon Divergence-JS 散度)距离。如气泡有重叠说明这两个话题里的特征词有交叉。图 5.18 所示的右边是每个主题内前 30 个特征词。浅色的表示这个词在整个文档中出现的频率(权重)，深色的表示这个词在这个主题中所占的权重。图 5.18 所示的右上角可以调节参数 λ，表示术语与主题之间的相关性。如果 λ 接近 1，那么在该主题下更频繁出现的词跟主题更相关；如果 λ 越接近 0，那么该主题下更特殊、更独有(exclusive)的词跟主题更相关(类似于 TF-IDF)。

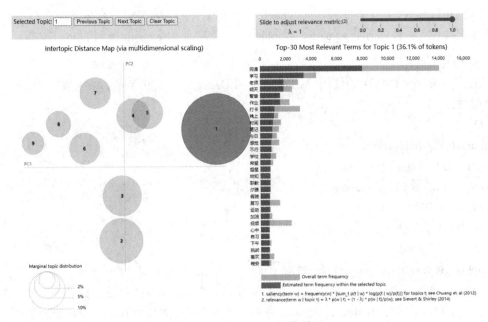

图 5.18　PyLDAvis 可视化结果

5.3.5　ECharts 主题河流

　　ECharts 的主题河流组件考虑了时间因素，可以对 2019 年～2021 年期间微博"网课"在线评论文本主题的演变情况进行可视化。对于已经提取的主题，以月为单位统计每个主题对应的文档分布情况，以主题的文档数作为主题强度绘制主题河流图。

1. ECharts 主题河流图

　　在 ECharts 中可以使用 themeRiver 设置主题河流图，主题河流图是一种特殊的流图，它主要用来表示事件或主题等在一段时间内的变化。ECharts 主题河流图由时间坐标轴、条带状河流、导航等部分组成，如图 5.19 所示。

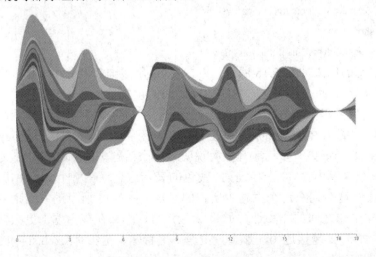

图 5.19　ECharts 主题河流图

1) 主题河流图可视编码

主题河流图中不同颜色的条带状河流分支编码了不同的事件或主题，河流分支的宽度编码了原数据集中的 value 值。此外，原数据集中的时间属性映射到单个时间轴上。

2) 主题河流图属性

主题河流图的属性包括 series、tooltip、singleAxis、legend 几个部分，每个部分由若干个子属性组成。series 用于配置主题河流图的类型(type)、数据(data)、强调(emphasis)、Canvas分层(zlevel)、z 值、坐标系统(coordinateSystem)，tooltip 是主题河流的提示框组件，用于配置触发类型(trigger)、坐标轴指示器(axisPointer)，singleAxis 是单坐标轴，可以配置坐标轴的 top、left、bottom、right、type 等信息，legend 是主题河流图的图例，用于显示主题的分组信息。

(1) type：在 ECharts 主题河流图中的 type 属性值为 "themeRiver"。

(2) zlevel：zlevel 用于 Canvas 分层，不同 zlevel 值的图形会放置在不同的 Canvas中，Canvas 分层是一种常见的优化手段。我们可以把一些图形变化频繁(如有动画)的组件设置成一个单独的 zlevel。需要注意的是，过多的 Canvas 会引起内存开销的增大，在手机端上需要谨慎使用以防崩溃。zlevel 大的 Canvas 会放在 zlevel 小的 Canvas的上面。

(3) z 值：控制图形的前后顺序。z 值小的图形会被 z 值大的图形覆盖。需要注意的是，z 相比 zlevel 优先级更低，而且不会创建新的 Canvas。

(4) left、right、top、bottom：thmemRiver 组件离容器左侧、右侧、顶部、底部的距离，默认为 5%。例如，left 的值可以是像 20 这样的具体像素值，也可以是像 "20%" 这样的相对于容器高宽的百分比，还可以是 "left" "center" "right"。如果 left 的值为 "left" "center""right"，组件会根据相应的位置自动对齐。

(5) coordinateSystem：坐标系统，主题河流用的是单个时间轴，默认为 single。

(6) label：描述了主题河流中每个带状河流分支对应的文本标签的样式。

(7) data[i]：系列中的数据内容数组。数组项通常为具体的数据项。通常来说，数据用一个二维数组表示。

(8) trigger：触发类型，可选的类型为 "item" "axis" 和 "none"。"item" 为数据项图形触发，主要用在散点图、饼图等无类目轴的图表中使用。"axis" 为坐标轴触发，主要在柱状图、折线图等会使用类目轴的图表中使用，主题河流图采用的也是'axis'。

(9) axisPointer：坐标轴指示器，是指示坐标轴当前刻度的工具，用于全局公用设置。

2. 主题分布

将 2019～2021 年期间的在线评论数据合并成一个数据集，抽取主题，我们从中选择 7个核心的主题，统计主题在文档中的分布情况，表 5-1 是每个主题的前 10 个核心关键词及主题类型，主题类型根据核心关键词的内容来归纳。表 5-2 为主题在文档中的分布情况，以每两个月作为时间间隔，共 9 个时间段，统计每个主题在该时间段中文档中所占的比例，作为主题随时间演变的强度。

表 5-1　"网课"评论文档主题及类型

编号	主 题 词	主题类型
1	0.019*"晚上" + 0.019*"手机" + 0.019*"喜欢" + 0.016*"作业" + 0.015*"明天" + 0.014*"感觉" + 0.011*"下午" + 0.011*"开心" + 0.011*"小时" + 0.011*"快乐"	网课感受
2	0.021*"能量" + 0.017*"学习" + 0.016*"老师" + 0.014*"学校" + 0.014*"时间" + 0.013*"担任" + 0.013*"出自" + 0.013*"好评" + 0.010*"开学" + 0.009*"高考"	网课质量
3	0.078*"考研" + 0.034*"英语" + 0.029*"打卡" + 0.025*"学习" + 0.022*"数学" + 0.022*"复习" + 0.021*"单词" + 0.018*"笔记" + 0.015*"阅读" + 0.015*"资料"	考研学习
4	0.049*"教育" + 0.031*"上网" + 0.025*"大学" + 0.025*"拥有" + 0.025*"原创" + 0.025*"支持" + 0.024*"身份" + 0.024*"多重" + 0.016*"优质" + 0.015*"专业"	中国教育
5	0.041*"孩子" + 0.036*"教师" + 0.024*"小学" + 0.024*"面试" + 0.018*"家长" + 0.014*"教资" + 0.013*"视频" + 0.008*"高中" + 0.008*"死亡" + 0.008*"初中"	基础教育
6	0.057*"弟弟" + 0.038*"考试" + 0.026*"会计" + 0.018*"教师" + 0.016*"事业单位" + 0.016*"注册" + 0.016*"初级" + 0.015*"河南" + 0.014*"资料" + 0.012*"注会"	等级考试
7	0.040*"培训" + 0.020*"新传" + 0.019*"有偿" + 0.018*"江西" + 0.017*"课程" + 0.015*"气球" + 0.015*"宝宝" + 0.013*"蛋糕" + 0.013*"布置" + 0.012*"安徽"	美食培训

表 5-2　主题文档分布

编号	主题类型	2019 年 1月～2 月	2019 年 3月～4 月	2019 年 5月～6 月	2020 年 1月～2 月	2020 年 3月～4 月	2020 年 5月～6 月	2021 年 1月～2 月	2021 年 3月～4 月	2021 年 5月～6 月
1	网课感受	12.4%	16.4%	17.6%	19.5%	13.1%	14.4%	27.4%	21.1%	16.2%
2	学习方式	5%	9%	10%	19%	26.3%	18.4%	17.9%	10.2%	14.5%
3	考研学习	12.5%	16.8%	16%	16.4%	17.3%	27.3%	17.5%	18.5%	15.5%
4	中国教育	4.6%	13.8%	9.3%	4.4%	9.3%	9.6%	11.6%	13.6%	7.2%
5	基础教育	13.5%	8.4%	9.4%	8.5%	5.8%	7.4%	8%	12%	5.6%
6	等级考试	17.5%	7.2%	12.8%	16.9%	0%	0%	10%	2.7%	0%
7	美食培训	18.4%	11.4%	18.2%	6.8%	0%	0%	5.7%	0%	0%

3. 实现代码

根据以上提取的主题信息，使用 ECharts 主题河流组件实现主题的可视化，代码如下所示。主题的数据配置在 rawData 中，rawData 是一个多维数组，数组的每一个元素保存一个主题的时间演变强度数据，并为每个主题配置标签 labels。

```
#Echarts 主题可视化
var chartDom = document.getElementById('main');
var myChart = echarts.init(chartDom);
var option;
```

```
let rawData = [
    [12.4, 16.4, 17.6, 19.5, 13.1, 14.4, 27.4, 21.1, 16.2],
    [5, 9, 10, 19, 26.3, 18.4, 17.9, 10.2, 14.5],
    [12.5, 16.8, 16, 16.4, 17.3, 27.3, 17.5, 18.5, 15.5],
    [4.6, 13.8, 9.3, 4.4, 9.3, 9.6, 11.6, 13.6, 7.2],
    [13.5, 8.4, 9.4, 8.5, 5.8, 7.4, 8, 12, 5.6],
    [17.5, 7.2, 12.8, 16.9, 0, 0, 10, 2.7, 0],
    [18.4, 11.4, 18.2, 6.8, 0, 0, 5.7, 0, 0]
];
let labels = [
    '网课感受','学习方式','考研学习','中国教育','基础教育','等级考试','美食培训'
];
let data = [];
for (let i = 0; i < rawData.length; i++) {
    for (let j = 0; j < rawData[i].length; j++) {
        let label = labels[i];
        data.push([j, rawData[i][j], label]);
    }
}
option = {
    singleAxis: {
        max: 'dataMax'
    },
    series: [
        {
            type: 'themeRiver',
            data: data,
            label: {
                show: false
            }
        }
    ]
};
option && myChart.setOption(option);
```

ECharts 主题可视化的结果如图 5.20 所示。从图中可以清晰地掌握主题演变的情况，图 5.20 所示的横坐标是时间轴，0～2 表示 2019 年 1 月至 6 月，3～5 表示 2020 年 1 月至 6 月，6～8 表示 2021 年 1 月至 6 月。纵坐标为 7 个主题，依次为网课感受、学习方式、考研学习、中国教育、基础教育、等级考试、美食培训，河流的宽度表示主题在某个时间点的强度。由图可知：关于网课学习方式的评论数量从 2020 年开始增加，关于等级考试和美食培训的评论数量 2020 年后开始大幅减少，考研学习的网课评论数量一直保持在较高水平。

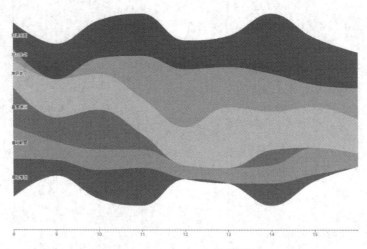

图 5.20　ECharts 主题可视化

习 题 与 实 践

1. LSA、LDA 和 NMF 主题模型的特点和主要区别是什么？
2. 什么是静态主题可视化，常用的方法有哪些？
3. 什么是动态主题可视化，常用的方法有哪些？
4. 自行准备文本数据集，对数据集进行分词、去停用词、去除噪声待预处理，提取主题，并使用 PyLDAVis、ECharts、D3.js 等方法绘制主题可视化图表。

第6章 文本情感可视化

文本情感分析，也称为观点挖掘，是重要的文本挖掘任务之一，已经被广泛用于社交媒体舆情监测、电子商务购买决策，影视、图书、在线课程在线评论分析等各种应用。文本情感分析的目的是找出说话者或作者在某些话题上或者针对一个文本上下文的极性态度，通过这个态度可以评估他们的情感状态。文本情感可视化是将情感状态或极性态度用图形化的方式来表示的一种技术。本章将首先对文本情感可视化技术进行概述，然后重点介绍客户评论和社交媒体情感可视化，最后介绍文本情感可视化实现。

6.1 文本情感可视化概述

数字技术和互联网的发展带来了前所未有的文本数据增长，也带来了新的机遇和挑战。语言学和自然语言处理(NLP)领域的研究人员可以获得与传统语料库或文献在内容、规模和相应分析(如客户评论或社交媒体消息)方面截然不同的数据。这些学科研究的一个问题是情感分析，它通常涉及在不同粒度的文本中检测态度内容。通常，文本在单词、话语或完整文档的层次上可以分为肯定、否定或中性。

情感可视化被理解为信息可视化(InfoVis)和可视分析(VA)中的一项研究挑战，分析文本数据中发现的情感是文本可视化更基础的研究领域的一部分。情感可视化的应用和任务包括：社交媒体中的舆论监控、数字人文学科的文献分析，或支持语言学和自然语言处理中的情感和立场研究。最早提到情感可视化的一些论文实际上起源于数据挖掘或自然语言处理领域，并且在大多数情况下使用最基本的视觉表示。随着信息可视化和可视分析技术的进步，情感分析在数据类型、分析任务、可视化方法等方面都有了很大的变化。

6.1.1 数据类型

每一种情感可视化技术都依赖于特定的数据，不同的数据会影响到情感可视化的流程或管道。文本情感可视化的数据可以从数据领域、数据来源和数据属性方面进行分类。

1. 数据领域

从数据领域上可以将文本数据分为社交媒体、通信数据、顾客评论(反馈)、文学与诗歌、编辑媒体等几种类型。社交媒体主要包括在线论坛、博客、微博和社交网络等，是文本情感可视化研究的主要数据来源之一。据统计，现有大约60%的研究是针对这一领域的数据展开的。例如，用于博客情感可视化分析系统MoodView(情绪视图)分析论坛用户情感的 Ink Blots(墨迹图)，用于 Twitter 流的可视化事件分析系统 TwitInfo(维特信息)等，都是针对社交媒体的数据领域。

通信数据包括电子邮件、聊天等文本数据。CrystalChat(水晶聊天)是一种用于个人聊天历史的可视化分析系统，该系统将个人消息表示为圆圈，并根据时间顺序和聊天联系人以3D 形式布局组织。

顾客评论数据是指用户通过在线平台对产品进行评价和反馈，表达他们的意见与看法。在社交媒体兴起之前，情感分析几乎只用于分析产品评论和客户反馈。例如，Affect Inspector(情感检测器)可视化系统使用星图来可视化电影评论的情感；Pulse 使用树形图表示汽车评论的情感；Opinion Observer 用于比较分析互联网消费者对汽车功能方面的意见。

文学与诗歌的情感可视化主要是对诗歌或文学书籍中的内容进行可视化分析。例如，Affect Inspector 对托马斯•斯特尔那斯•艾略特(Thomas Stearns Eliot)的诗歌的情感分析；Liu 等人使用基于像素的隐喻分析童话小说《小红帽》(Little Red Riding Hood)中文档片段相关的情感结构；Weiler 等人将他们的可视化系统应用于整个《哈利波特》文本情感分析，他们将情绪表示为河流状的流图，展示了故事的整体演变。

最后一类数据领域是编辑媒体，常见的有新闻文章或网站(如维基百科)。例如，SATISFI(满意)可视化系统使用词汇匹配和特定标记来分析金融新闻文档的极性；BLEWS(布鲁斯)情感可视化系统用于新闻文章和引用此类文章的政治博客文章之间关系的分析。

2. 数据来源

按照数据来源的不同，数据可分为大型文档(Document)、语料库(Corpora)和文本流(Streams)等类型。大型文档一般是指单个文档，可以用于按需提供详细信息，也可以作为另一种数据源的数据子集。文本情感可视化的另一种数据来源是文档集合或语料库的文本数据，这也是研究中最常见的一种数据类型。与单个文档的可视化不同，支持此类数据源的可视化技术通常必须解决不同的文本长度、文档之间的关系以及其他数据属性相关的挑战。在过去的几年中，关于微博、Twitter 等社交媒体的流式文本数据的研究也产生了很多情感可视化技术。在某些情况下，这类技术的重点是事件检测，情绪可视化起辅助作用。例如，ClowdFlows(云流)是一个基于云平台的实时数据流情绪分析和可视化系统；PaloPro(帕洛普罗)是一个品牌监控平台，对多个社交媒体和新闻来源的数据流进行意见挖掘和情感极性分析。

3. 数据属性

除了数据源类型之外，一些情感可视化技术使用了文本的特殊属性，常见的有地理空间信息、时间和网络关系信息。例如，Zhang 等人利用地理空间信息构建情感地图，识别新闻文章中的情感内容(即八种情感类别)，根据缩放级别，使用相应地理区域的线图可视化情感值；WebLyzards(网络利兹)可视化系统同样使用地理空间信息，对社交媒体、新闻和其他网络文本文档进行监控和可视化分析。

6.1.2 任务类型

按照任务类型不同，文本情感可视化可分为分析任务与可视化任务两大类。分析任务包括极性分析/主观性检测、基于方面的情绪分析、基于维度的情绪分析、立场分析等。可视化任务包括感兴趣区域检测、聚类或分类、比较、综述、导航/探索等。

1. 分析任务

极性分析和主观性检测是最常见的分析任务。例如，博客可视化工具 eNulog(电子博客)将电影博客文章标记为正面、负面、中性/不确定性几种类型，并使用这些标签对博客地图节点进行颜色编码，扩展了带有情绪分析的博客可视化。Agave 可视化系统是一种用于社交媒体数据协作分析的情感可视化系统，该系统使用线图和流图等表示方式可视化了时间文本数据的聚合极性。BLEWS 新闻文章可视化分析系统，用于检测博客帖子中的主观性(如自由派和保守派)，检测到的主观帖子的数量在视觉上被编码为发光条两侧的数字，如图 6.1 所示。图 6.1 左侧代表自由派博客帖子的数量，右侧代表保守派博客帖子的数量。

图 6.1　BLEWS 新闻文章可视化分析系统界面(自由派和保守派的帖子数量)

另一种常见的分析任务是意见挖掘或基于方面的情绪分析。在文本中检测到的特定方面/特征、主题、命名实体或簇的层次上，通常使用此项技术进行情绪可视化分析。例如，Review Spotlight 是用于分析顾客评论情感的可视化工具，作者通过形容词/名词的词对标记云来总结客户评论，将每个单词的情感极性通过词汇匹配来计算，并用不同颜色来编码。SentiVis 情感可视化系统将基于某方面的客户评论情绪分析的结果可视化。在选择了某个特定的方面之后，用户将获得调查对象(本例中为 pizza)极性分数的视觉表示，该极性分数结合了散点图和线图，如图 6.2 所示。

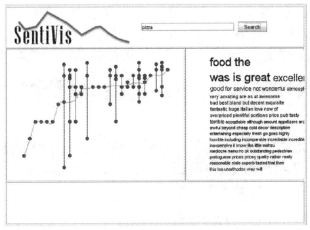

图 6.2　SentiVis 情感可视化系统

基于维度的情绪模型超出积极、消极范畴的情感内容，通常涉及多维度或多类型的情感类别。例如，Gregory 等人将情绪分为八种类别，他们提出了一个基于玫瑰图的新颖隐喻，使用词汇方法、注释工具对客户评论中的情感词进行分析。Peral 情感可视化分析系统是对个人用户在推文中检测到的情绪进行可视化分析。他们使用了两种情绪模型，一种是包含八种基本情绪(分为四对：愤怒-恐惧、预期-惊讶、喜悦-悲伤和信任-厌恶)的普拉切克(Plutchik)三维情绪模型；另一种是 Valence(效价)、Arousal(觉醒)和 Dominance(支配)维度的VAD 模型。Peral 使用类似河流的流图作为情感数据的主要视觉表示，并采用多个辅助表示(如线图和面积图、字形、散点图和标记云)，以支持概述和详细的探索性分析。SentiCompass 可视化系统是一种用于 Twitter 数据的交互式情感可视化系统，该系统采用罗素(Russell)的循环情感模型对情感进行分类，如图 6.3 所示。情绪分布在一个二维空间中，水平轴为效价(愉悦水平)，垂直轴为觉醒(激活水平)。不同的情绪(即情绪状态)可以在任何程度的效价和觉醒中表现出来。在视觉表现方面以星图类似螺旋的嵌套方式组织，支持对多个时间间隔的视觉分析。

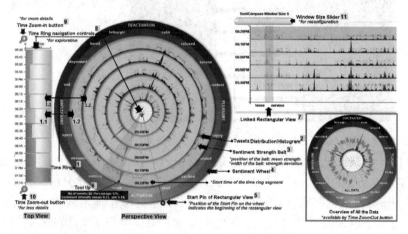

图 6.3　SentiCompass 可视化系统

2. 可视化任务

除了分析任务之外，还有一些是由可视化技术直接支持的可视化任务，例如，检测和突出显示感兴趣区域或异常项目，进行实体比较、内容概述、交互式导航和探索等。图 6.4所示为一种通过时间密度图对感兴趣数据区域进行检测的可视化系统，该系统采用条形图与相应时间区域的面积图相结合的方式进行可视化表示，能自动提取兴趣模式。

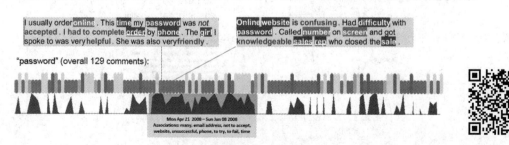

图 6.4　感兴趣数据区域检测

SocialBrands 可视化系统是一个用于比较社交媒体上公众对品牌认知的视觉分析的可视化系统，它通过分析社交媒体帖子和用户评论，将各种品牌的个性化特征得分进行可视化，如图 6.5 所示。该系统能够同时对两个品牌的社交媒体用户认知进行比较，图 6.5 比较分析了"迪士尼"(图 6.5(a))和"波音"(图 6.5(b))两个品牌在 5 个方面(真诚、兴奋、胜任、成熟和坚韧)的个性化特征。图 6.5(c)为品牌车轮比较，突出显示了两个品牌在社交媒体上的感知个性和话题讨论方面的异同。图 6.5(d)为品牌认知概述，对品牌在个性特征和品牌群上的分布进行展示。

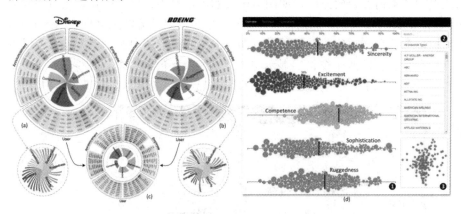

图 6.5　SocialBrands 品牌认知可视化系统

6.1.3　可视化编码

在文本情感可视化中，常用的编码方法有颜色、尺寸和面积、位置和方向、形状、图案与纹理等，将情感信息以线条、河流图、像素、网络图、地图、云图、星图等图形表示。

在情感可视化中，最常用的可视化编码方法是颜色。统计数据显示：近 90%的可视化技术使用了颜色编码。对于极性情感，一般使用绿色表示正面情感，红色表示负面情感。也有一些研究将两者反过来，即用绿色等冷色调表示负面情绪，用橙色/红色等暖色调表示正面情感。在维度情感编码方面，通常采用有序颜色集或根据相应的维度模型进行颜色插值表示。例如，在 SentiCompass 情绪轮中，作者使用两对互补颜色(参见图 6.3)来表示情绪的 V 值(效价)和 R 值(觉醒)两个维度。其中 V 值用绿色到红色编码，表示愉悦水平；R 值(觉醒)用蓝色到黄色编码，表示激活水平。其中冷色或暖色调用于表示水平的高低，如蓝色、绿色表示低水平，而红色、黄色表示高水平。

尺寸和面积也是情感可视化中常见的编码方式。尺寸和面积的大小可以表示极性情感文本的数量，通常结合条形图、饼图、面积和流图来使用。也有一些研究使用字体大小来表示情感强弱。

6.2　客户评论情感可视化

近年来，越来越多的互联网用户倾向于在网络上表达他们对产品的看法，这些看法评论对顾客购买决策有非常重要的影响。文本情感可视化对了解客户的观点或意图有着重要意义。通过可视分析的方法对评论的情感进行分析，可以掌握客户的意向。本节将以案例的形式介绍客户评论文本的情感可视化。

6.2.1   树形图

TreeViewer 可视化系统是一个电影评论文本情感可视化系统。该系统采用融合自然语言处理和模糊技术的文本情感分析方法，如图 6.6 所示。自然语言处理主要解决语义分类的问题，但由于词汇语义的歧义或不确定性，需要使用模糊逻辑的方法来处理。TreeViewer 可视化系统采用树形图的形式进行可视化展示。图 6.6(b)的树形图中的每个节点都可以单击，单击某节点后会在左侧的两个窗格中显示与该节点相关联的情感配置文件，图 6.6(a)的圆圈代表中心性，图 6.6(c)为情感强度的平均值，与节点关联的文本在右下窗格中显示。

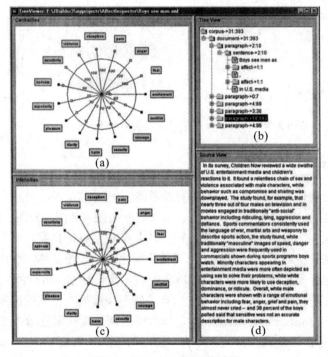

图 6.6   TreeView 可视化系统

Pulse 可视化系统是一个顾客评论文本情感可视化系统，使用树形图表示句子级情感分类。如图 6.7 所示，Pulse 可视化系统以汽车评论数据为例进行情感可视化分析。首先提取汽车主要类别(品牌)和次要类别(型号)以确定汽车的类型，然后为每个汽车品牌提取少量评论句子，并进行情感标注，以此作为模型训练的数据。以此使用训练好的分类器将评论数据分类到每个汽车品牌并输出情感得分。图 6.7 左侧为汽车品牌及型号的树形图，每个型号后的数字为评论数，单击某个型号汽车的节点，图 6.7 右侧展示表示评论主题的关键词及其情感得分，每个评论主题渲染为一个框。框的大小表示集群中的句子数量，颜色表示框中句子的平均情绪，颜色范围从红色到绿色，红色表示负面情感，绿色表示正面情感。包含积极情绪和消极情绪同等混合的集群，或包含主要属于"其他"类别的句子的簇被涂成白色。

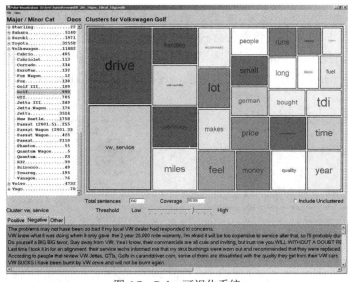

图 6.7　Pulse 可视化系统

6.2.2　柱状图和饼图

Opinion Observer 可视化系统是一个在线客户评论情感可视化系统，用于比较分析互联网消费者对各种产品功能方面的意见。图 6.8 示例中选择了三个不同品牌的产品，图中左上角为不同品牌的产品，右上角为对应产品已标记情感极性的评论文本，底部为产品性能的正面或负面评价的文本数量。在图 6.8 中单击某个产品后会在其右侧显示该产品的正负面评论，界面底部用不同颜色的柱状图统计了正面评论和负面评论的数量，底部的状态栏中显示相应的数值。

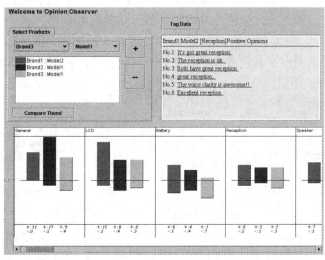

图 6.8　Opinion Observer 可视化系统

AMAZING 可视化系统是一个用于描述产品评论的情绪挖掘和检索系统，该系统使用折线图(使用评论时间戳)和饼图(正面/负面评论比例的简单摘要)来展示情感信息，如图 6.9 所示。该系统使用的是一种综合时间维度的排名机制，利用时间意见质量(Time Opinion

Quality，TOQ)和相关性对评论句子进行排名。该系统能监测客户评论随时间的变化趋势，并分别将正面和负面意见的变化趋势可视化。图 6.9 顶部为查询框，用户可以输入关键词或主题进行检索，图中左上角的折线图显示与主题相关的评论随时间变化的趋势，图中右侧通过饼图统计正面和负面评论的文本数量，图中下部为具体的评论内容。

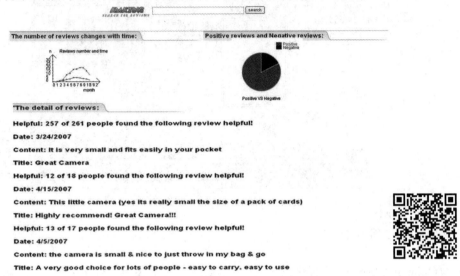

图 6.9   AMAZING 可视化系统

6.2.3   多协调视图

Chen 等人提出了一种具有决策树和术语变化图等多协调视图的可视化分析系统，帮助用户了解冲突意见的性质和动态，如图 6.10 和 6.11 所示。图 6.10 所示为可视化的基本流程，包括数据收集、术语变化分析、术语变化的时间序列可视化、基于选定术语的分类以及内容分析几个环节。该系统以畅销书《达•芬奇密码》的评论为例进行了可视化。图 6.10 右侧术语变化图用于确定该书正面或负面评论的共同特征，决策树有助于理解相互冲突的观点。图 6.11 比较了正面和负面评论之间的区别，展示了评论数量随时间变化的趋势。

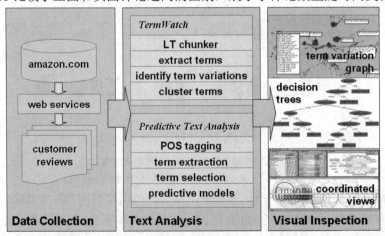

图 6.10   可视化方法框架

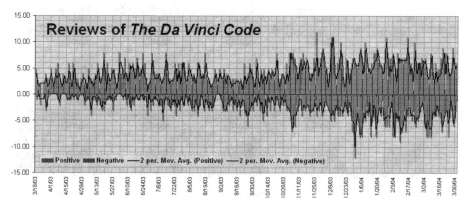

图 6.11　《达·芬奇密码》评论可视化

Hao 等人提出了一种基于特征的情感可视分析系统。该系统首先识别客户评论的特征(即名词、复合名词),然后识别情绪词(即好、坏),最后将情绪词映射到它们所指的特征中。该系统包括像素情感地理图、自组织术语关联图、关键术语地理图三个部分,如图 6.12 所示。其中图(a)为基于像素的情感地理图,每条评论分布在不同的地理空间中,每个数据点都是一个像素,代表一个评论,颜色代表情绪值(如绿色:正值;灰色:中性;红色:负值);图(b)是一个自组织术语关联图,用于可视化每个术语集群之间的关系;图(c)用于显示每个地理位置中最重要术语的地理地图,颜色显示包含关键术语的所有句子的平均情感值。

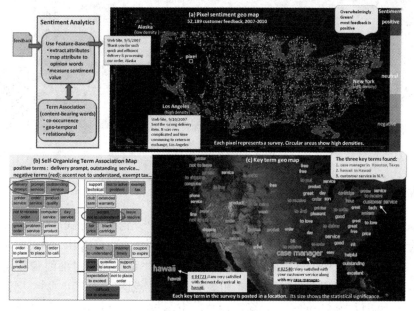

图 6.12　基于特征的情感可视分析系统

6.2.4　缩略图和散点图

Oelke 等人设计了一个客户评论数据的可视分析系统。如图 6.13 所示,该系统以打印机评论为例,通过缩略图、散点图、循环相关图,以摘要报告、聚类的形式对打印机评论进行可视化。图 6.13 所示为缩略图摘要报告，每行显示特定打印机的属性性能。例如，蓝色代表相对积极的用户意见，红色代表相对消极的用户意见。内部矩形的大小表示对属性发表评论的客户数量。矩形越大，表示客户提供的评论就越多。

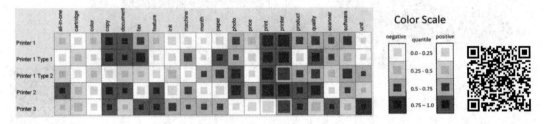

图 6.13   打印机评论摘要报告可视分析

图 6.14 所示为以散点图形式展示评论的聚类结果，在 2D 空间中识别并映射了 7 个主要意见簇，每个意见簇由一个缩略图表示。集群包含的评论越多，其缩略图显示的越大。积极的意见用蓝色突出显示，消极的意见用红色突出显示。颜色亮度被映射到一个集群中共享某个观点的评论的百分比。

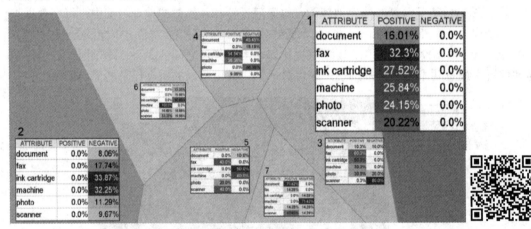

图 6.14   散点图聚类结果

6.2.5   环状图

OpinionSeer 可视化系统是一种可以分析在线酒店客户评论的交互式可视化系统，能有效地建模评论中的模糊性和不确定性，如图 6.15 所示。其中，图(a)是用不同尺度表示的时间环(月、周、日)，图(b)为时间和地理环，它们之间的关系可以通过曲线带按需显示。OpinionSeer 可视化系统采用意见轮、径向图(意见环)、散点图(意见三角形)、标记云等可视化方法来表达不同背景客户的意见。意见轮将散点图与径向图无缝集成。意见三角形主要用于可视化提取的意见，每个意见都是一个意见向量，包含三个元素：负值、正值和不确定性值。意见三角形的三个顶点分别代表最消极、最积极和最不确定的意见。根据与三个三角形顶点之间的距离，将每个客户的意见绘制在意见三角形中。三角形左下角显示的意见表示否定意见，右下角表示肯定意见，顶部表示高度不确定性的意见。围绕三角形的意见环有助于探索客户意见和其他数据维度之间的相关性。

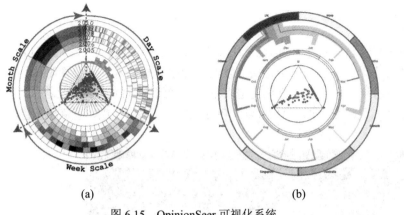

(a)   (b)

图 6.15   OpinionSeer 可视化系统

6.3 社交媒体情感可视化

6.3.1 折线图

早期的研究(如 MoodViews 可视化系统)，是一个跟踪和分析全球博客作者情绪的系统。该系统采用折线图的形式展示了恐怖分子于 2005 年 7 月 7 日袭击伦敦后，LiveJourna 虚拟社区中民众的情绪变化，如图 6.16 所示。由图 6.16 可知，当恐怖事件发生后，人民的痛苦情绪(distressed)达到顶峰，而幸福感(happy)显著下降。MoodViews 可视化系统通过情绪标签，能对博客中用户的 132 种情绪进行可视化表示。

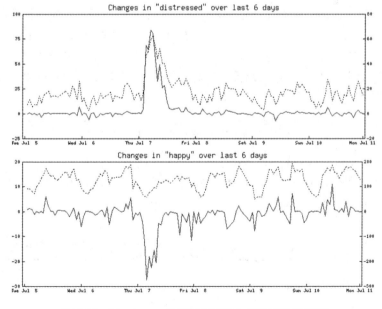

图 6.16   LiveJourna 虚拟社区的民众情绪变化情况图

6.3.2 气泡隐喻

Ink Blots(墨迹图)使用气泡隐喻来标记论坛文本情绪，如图 6.17 所示。图 6.17 所示为 2003 年 3 月伊拉克战争前后，Yahoo 论坛用户发帖中和愤怒相关术语的数量明显增加，表示民众对战争的负面情绪增多。其中蓝色气泡表示积极情绪、黄色为中性情绪，红色为负面情绪。图 6.17 中底部显示发布的消息数(以绿色显示)和条形图(红色、蓝色和黄色表示不同情绪的评论数量)。

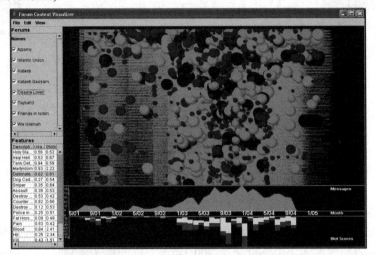

图 6.17　Ink Blots 可视化 Yahoo 论坛用户情绪

MoodLens 是一个基于表情符号的中文微博情感分析系统。在 MoodLens 中，95 个表情符号被映射成愤怒(Angry)、恶心(Disgusting)、快乐(Joyful)、悲伤(Sad)四类情绪，作为微博推文的分类标签。系统收集了 350 万条标注过的微博推文作为语料库，并训练了一个快速的朴素贝叶斯分类器，通过高效的朴素贝叶斯分类器，MoodLens 能够实现在线实时情绪监测。

如图 6.18 所示，标记了从 A 到 J 检测到的 2011 年微博异常事件(前 10 个)。在这些事件中，A、D、E 对应的是动车碰撞事件；C 和 B 对应的是日本发生 9.0 级地震的事件；J 对应的是中国人因谣言抢购食盐的新闻；F 对应的是 2011 年的除夕；G 对应的是 2011 年春节；H 对应的是史蒂夫·乔布斯去世的事件。

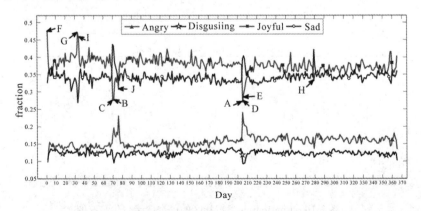

图 6.18　2011 年微博异常事件检测

图 6.19 展示了一个实时监控的示例周期，具体为从 2011 年 12 月 24 日 19:30 至 2011 年 12 月 26 日 7:30 共 72 个小时微博用户的情感变化。以 A 为例，12 月 24 日 0:00 时，因为大家都在庆祝圣诞节的到来，欢乐的情绪达到了顶峰。而 B 对应的是 12 月 26 日凌晨 1 点，悲伤情绪的比例突然上升，关键词显示这是因为当时在成都发生了地震。

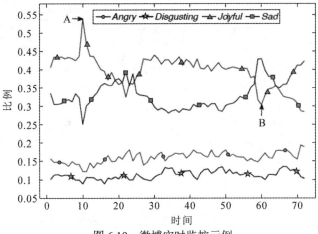

图 6.19　微博实时监控示例

OpinionFlow 可视化分析系统是一个社交媒体舆论扩散可视化分析系统。OpinionFlow 允许用户即时查看不同话题的整体意见分布。图 6.20 采用桑基图和密度图相结合的方法进行意见流可视化，显示了与"棱镜"事件相关的五个主要话题，从上到下分别是合法性、间谍、庇护、斯诺登、隐私。由图可知：2013 年 6 月，美国国家安全局外包技术员斯诺登逃往香港，并向公众披露"棱镜"计划时，庇护斯诺登的话题变得越来越突出。图中整体的红色可视化显示大多数谈论这个话题的推特用户对美国国家安全局的监控项目持有非常负面的态度。

图 6.20　OpinionFlow 可视化分析系统

PEARL 是一种基于时间轴的社交媒体个人情绪交互式可视化分析工具，采用情绪带和气泡隐喻用户情绪变化，如图 6.21 所示。PEARL 用户界面包括以下组件：(a)为个人情绪概览，(b)为详细情绪时间轴视图，(c)为情绪词视图，(d)为原始推文视图。通过时间窗口(e)在组件(a)中选择一个时间段，在(b)中会显示个人情绪的详细情况，以情绪带和气泡隐喻的方法来可视化。颜色用于编码情绪分类，条带的宽度表示标准化后的情绪值，取值为 0～1。当鼠标悬停在一个视觉元素上时，会弹出工具提示，供用户深入了解细节，组件(h)和(i)分别展示情绪指标数值及情绪词云。此外，PEARL 用户界面还有一个动作菜单(f)和一个交互式图例(g)，可以进一步探索情绪档案，突出显示重要数据点(如组件 j)。

用户还可以按下如图 6.21 所示右上角按钮("E" "O" 和 "R")以观察极端情绪、情绪展望和情绪恢复力。

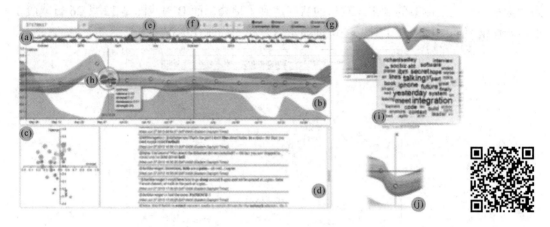

图 6.21　PEARL 用户界面

6.4　文本情感可视化

本节以 2019 年 6 月至 2021 年期间新冠疫情相关微博评论为例, 展示文本情感可视化的实现。首先, 对爬取的文本数据进行清洗、分词、删除停用词处理, 然后利用 SnowNLP 训练模型、计算情感值、统计情感分布、分析情感时间趋势, 最后使用 ECharts 绘制可视化图表。

6.4.1　数据处理

数据预处理包括数据清洗、分词和去停用词处理。数据清洗通过正则表达式来去除评论文本中无用的字符, 将评论中的日期信息格式化。分词仍然采用 jieba 分词的精确模式进行分词。去停用词首先构建停用词表, 然后遍历去除停用词。

数据处理主要包括如下步骤。

1. SnowNLP 模型训练

SnowNLP 提供的数据集以电商评论为主, 与微博评论存在一定的差异, 在情感分析之前需要训练自定义的模型。首先对微博样本进行人工标注, 准备好正负样本, 并分别保存到 pos.txt(正样本)和 neg.txt(负样本)两个文件中, 然后利用 SnowNLP 训练新的模型。模型训练的方法如下:

```
from snownlp import sentiment
if __name__ == "__main__":
    #训练模型
    sentiment.train('./neg.txt', './pos.txt')
```

```
# 保存好新训练的模型
sentiment.save('sentiment.marshal')
```

训练好的模型保存在 sentiment.marshal 文件中，以便后续分析调用。

2. 情感值计算

首先通过正则表达式去除评论文本中无用的字符，将评论中的日期信息格式化。然后遍历评论数据，用 SnowNLP 工具的 sentiment()方法进行情感分析，获取每条评论的情感数值，并存储在数组中。其主要代码如下：

```
pattern = re.compile(r'[\u4e00-\u9fa5]+')#匹配中文
filtdata = re.findall(pattern, text)
filttext = ""
for item in filtdata:
    filttext = item + filttext#拼接过滤后的中文
s = SnowNLP(filttext)
```

3. 情感分布计算

情感分布是指评论中包含的积极评论、中性评论、消极评论的数量，比例值的分布情况，不同情感分数值之间的评论数量。其主要代码如下：

```
for content in contents:#遍历评论，计算出情感值，存入数组
    try:
        s = SnowNLP(content[0])
        score.append(s.sentiments)
    except:
        print("something is wrong")
        score.append(0.5)
for item in score:#遍历数组，将情感值[0,1]展开成[-1,1]
if item > 0.5 :#情感值大于 0.5 为积极评论
    scores = (item - 0.5) / 0.5
    score_deal.append(scores)
    pcount = pcount + 1#计算积极评论的数量
elif item < 0.5:#情感值小于 0.5 为消极评论
    scores = (item - 0.5) / 0.5
    score_deal.append(scores)
    ncount = ncount + 1#计算消极评论的数量
else:
    score_deal.append(0)
    mcount = mcount + 1#计算中性评论的数量
```

4. 情感时间趋势计算

情感时间趋势是指在上述评论情感计算的基础上，依据每条评论对应的时间，计算出同一天发表的所有评论、积极评论、中性评论、消极评论的平均情感值，并将这些数值和

时间一一对应，从而得到总体评论情感、积极评论情感、中性评论情感和消极评论情感随时间的变化趋势。其主要代码如下：

```
for row in DictReader:
    date_data = row.get('date')#读取每条评论的时间
    if (date_data in date):#若该时间的评论还未被计算过
        su += score[index]#计算评论分数和
        nu += 1#计算评论数量
        if score[index] > 0.5:
          posu += score[index]#计算积极评论分数和
            ponu += 1#计算积极评论数量
        elif score[index] < 0.5:
            ngsu += score[index]#计算消极评论分数和
            ngnu += 1#计算消极评论数量
        else:
            mdsu += score[index]#计算中性评论分数和
            mdnu += 1#计算中性评论数量
        continue
    if index != -1:#某天的评论数量和情感值和计算完后存入数组
      sum.append(su)
        num.append(nu)
        posum.append(posu)
        ponum.append(ponu)
        ngsum.append(ngsu)
        ngnum.append(ngnu)
        mdsum.append(mdsu)
          mdnum.append(mdnu)
    index += 1
    date.append(date_data)
    su += score[index]
    nu += 1
    if score[index] > 0.5 :
        posu += score[index]
      ponu += 1
    elif score[index] < 0.5 :
      ngsu += score[index]
      ngnu += 1
    else:
      mdsu += score[index]
      mdnu += 1
```

6.4.2　可视化展示

在上一小节计算各项情感数值的基础上，通过 ECharts 绘制可视化图表，所采用的图表有情感分布比例图、情感分布直方图、评论情感时间趋势图，如图 6.22 所示。总体情感分布采用饼图的形式，可以了解微博评论的总体情感倾向，如图中左上图所示。图中右上角为情感分布直方图展示的是每一个情感分段评论的数量，可以更细粒度地分析情感特征。图中左下图为情感时间趋势图，采用堆叠图的形式，展示不同时间段情感演变。图中右下角为词云图，从中可以看出核心关键词的分布情况。图 6.23 逐条展示了评论文本及的内容、发布时间、情感极性等信息。

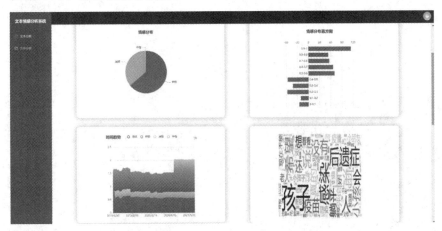

图 6.22　情感可视化图表

图 6.23　评论文本与情感极性

习 题 与 实 践

1. 文本情感可视化主要应用在哪些领域？

2. 什么是文本可视化的分析任务和可视化任务，请举例说明。

3. 文本可视化的编码有哪些类型？

4. 客户评论情感可视化主要有哪些方法，请举例说明。

5. 社交媒体情感可视化主要有哪些类型，请举例说明。

6. 自行准备文本数据集，对数据集进行分词、去停用词、去除噪声待预处理，计算情感信息，并使用 ECharts、D3.js 等方法绘制文本情感可视化图表。

参 考 文 献

[1] 张伶俐，吴亚东，褚琦凯，等.文本情感可视分析研究综述[J/OL].大数据:1-24[2022-06-13].http://kns.cnki.net/kcms/detail/10.1321.G2.20220413.1450.002.html.

[2] 包琛，汪云海.词云可视化综述[J].计算机辅助设计与图形学学报，2021，33(04):532-54.

[3] 何巍.社交媒体数据可视化分析综述[J].科学技术与工程，2020，20(32):13085-13090.

[4] 唐家渝，刘知远，孙茂松.文本可视化研究综述[J].计算机辅助设计与图形学学报，2013，25(03):273-285.

[5] 赵琦，张智雄，孙坦.文本可视化及其主要技术方法研究[J].现代图书情报技术，2008(08):24-30.

[6] 陈为，沈则潜，陶煜波，等.数据可视化[M]. 2 版. 北京:电子工业出版社，2019.

[7] 宗成庆，夏睿，张家俊. 文本数据挖掘[M]. 北京:清华大学出版社，2019.

[8] 朱晓霞，宋嘉欣，张晓缇. 基于主题挖掘技术的文本情感分析综述[J].情报理论与实践，2019，42(11):156-163.

[9] 陈红琳，魏瑞斌，张玮，等.基于共词分析的国内文本情感分析研究[J].现代情报，2019，39(06):91-101.

[10] 李光敏，许新山，熊旭辉.Web 文本情感分析研究综述[J].现代情报，2014，34(05):173-176.

[11] CUENCA，ERICK，ARNAUD S，et al. MultiStream: A Multiresolution Streamgraph Approach to Explore Hierarchical Time Series[J]//IEEE Transactions on Visualization and Computer Graphics. 2018. 24(12):3160-3173.

[12] ALIREZA K，ISAAC C，WESSLEN R，et al. Vulnerable to Misinformation: Verifi[C]. Proceedings of the International Conference on Intelligent User Interfaces.2019: 312-323.

[13] TOMMY D，VINH T N. ComModeler: Topic Modeling Using Community Detection[C]. Proceedings of the EuroVis Workshop on Visual Analytics.2018: 1-5.

[14] KATIE W，SAMUEL S S，MUBBASIR K. StoryPrint: An Interactive Visualization of Stories[C]. Proceedings of the International Conference on Intelligent User Interfaces. 2019:303-311.

[15] ALASMARI，HANAN. Sentimental Visualization: Semantic Analysis of Online Product Reviews Using Python and Tableau [C]//IEEE International Conference on Big Data.2020: 1-3.

[16] YOUSEF，TARIQ，STEFAN J. A Survey of Text Alignment Visualization[J]//IEEE Transactions on Visualization and Computer Graphics. 2021，27(2):1149-1159.

[17] KARDUNI，ALIREZA，ISAAC C，et al. Vulnerable to Misinformation: Verifi[J]. Proceedings of the 24th International Conference on Intelligent User Interfaces. 2019: 312-323.

[18]　VIZCARRA，JULIO，KOUJI K. Knowledge-Based Sentiment Analysis and Visualization on Social Networks[J].New Generation Computing. 2021，39(1):199-229.

[19]　KUCHER，KOSTIANTYN，CARITA P，et al. The State of the Art in Sentiment Visualization[J].Computer Graphics Forum. 2018，37(1):71-96.

[20]　LIU，XIAO T，XU A B，et al. SocialBrands: Visual Analysis of Public Perceptions of Brands on Social Media [C] //IEEE Conference on Visual Analytics Science and Technology. 2016:71-80.